ISSN 0021-1915

15. JAHRGANG · SEITEN 233—264 · BERLIN AUGUST 1979

IPRAX 15 15 (8) 233—264 (1979) 32036

8

isotopenpraxis

EVP 9,— M

AKADEMIE-VERLAG

ISOTOPENPRAXIS

herausgegeben von J. Mühlenpfordt, Berlin · C. F. Weiss, Leipzig

unter Mitwirkung von M. F. Abdel-Wahab, Khartum · E. Broda, Wien · O. Charamza, Olomouc · Z. Dienstbier, Praha · L. Herforth, Dresden · V. K. Iya, Bombay · W. Kodjukow, Moskau · M. Melnikowa, Leningrad · V. Mercea, Cluj · A. Morczek, Magdeburg · R. Münze, Rossendorf · S. Muždeka, Beograd · M. Radwan, Swierk · A. I. Schatenstein, Moskau · H. R. Schütte, Halle · K. Schwabe, Rossendorf · P. Tétényi, Budapest · K. Unger, Quedlinburg · S. Varga, Bratislava · G. Vormum, Berlin · B. Winde, Berlin

REDAKTIONSAUSSCHUSS: H.-J. Altenbrunn, Berlin · E. Becker, Magdeburg · W. Dietzsch, Dresden · J. Holzhey, Freiberg · H. Hübner, Leipzig · J. Knorr, Pirna · P. Krumbiegel, Leipzig · O. Machold, Gatersleben · S. Niese, Rossendorf · R. Otto, Leipzig · U. Prösch, Berlin · G. Reinhard, Dresden · H. Rothe, Berlin · H. Scheel, Berlin · K. Uhlig, Berlin (Chefredakteur) · K. Wagner, Berlin · L. Wuckel, Dresden

REDAKTIONSSEKRETÄR: H. Neumann, Berlin

An unsere Autoren

Die Zeitschrift veröffentlicht Beiträge zu folgenden Themen: Kontrolle und Analyse radioaktiver und stabiler Isotope, Anwendung radioaktiver und stabiler Isotope in allen Gebieten der Forschung und Technik, der Industrie, Landwirtschaft und Medizin, Herstellung radioaktiver und stabiler Isotope sowie von markierten Verbindungen, kernelektronische Geräte für die Isotopenanwendung (Dickenmesser, Dichtemesser u. ä.) Detektoren für isotopentechnische Arbeiten und den Strahlenschutz in Isotopenlaboratorien, Meßtechnik und Strahlenschutz, Dosimetrie in Isotopenlaboratorien, kerntechnische Geräte für die Isotopenanwendung (Betron, Bestrahlungsanlagen u. ä.), Strahlenchemie, Radiochemie, ökonomische und perspektivische Fragen, Fragen der Weiterbildung.

1. Aufnahme von Manuskripten

Zur Veröffentlichung angenommen werden nur druckreife, noch nicht anderweitig publizierte Beiträge in deutscher, englischer oder russischer Sprache zum Themenbereich der Zeitschrift und zwar

Originalarbeiten
Kurze Originalmitteilungen
Aus der Praxis
Zusammenfassende Berichte
Tagungsberichte
Informationen.

Sind der Beitrag oder Teile daraus bereits veröffentlicht oder ist eine anderweitige Veröffentlichung vorgesehen, so muß dies der Redaktion mit genauer Angabe der Zweitveröffentlichung mitgeteilt werden. Mit der Annahme des Manuskriptes behält sich der Verlag das Recht der Vervielfältigung, Verbreitung und Übersetzung innerhalb der gesetzlichen Schutzfrist vor. Auszugsweiser Nachdruck oder photomechanische u. a. Wiedergabe sind an eine schriftliche Genehmigung des Verlages gebunden. Manuskripte, Zeichnungen und Photos von veröffentlichten Arbeiten werden nur auf den besonderen und bis zum Zeitpunkt der Veröffentlichung mitgeteilten Wunsch dds Autors zurückgesandt.
Bei der unverlangten Einreichung von Manuskripten wird empfohlen, eine Befürwortung eines der Herausgeber oder Redaktionsausschußmitglieder beizufügen. Manuskripte sind einzureichen bei der Redaktion, 108 Berlin, Leipziger Str. 3–4

2. Form der Manuskrɪpet

Die Autoren werden gebeten:
2 Manuskripte, eines davon in Original-Maschinenschrift, einseitig und mit 2zeiligem Abstand einzureichen; gut leserliche Photokopien sind zulässig; auf dem 1. Blatt (unter Weglassung der Bezeichnung)

den Titel der Arbeit
Vorname-Initialen und Namen sämtlicher Autoren
gegebenenfalls die Institution, in der sie tätig sind
eine kurze Zusammenfassung der Arbeit von höchstens 15 Zeilen
Keywords in alphabetischer Reihenfolge und
als Fußnote die Anschrift der Institution anzugeben;

wenn möglich auf gesonderten Blättern, Namen Titel der Arbeit und Zusammenfassung in den beiden anderen obengenannten Sprachen 2fach beizufügen;
Literaturhinweise (fortlaufend numeriert), Fußnoten, Tabellen, Abbildungen (in etwa 2facher Veröffentlichungsgröße), Abbildungsunterschriften (getrennt von den Abbildungen, mit Zeichenerklärungen, Quellenangaben, falls erforderlich, und gegebenenfalls mit einem Vermerk für besondere Wünsche bezüglich der Abbildungsgröße), private und Dienstanschift der Verfasser mit akademischen Titeln und ausgeschriebenen Vornamen auf besonderen Blättern ans Ende des Manuskriptes zu stellen;

Wünsche für den Kolumnentitel (Seitenüberschrift) bekanntzugeben;
Absätze durch Einzüge von mindestens 3 Anschlägen kenntlich zu machen;
die Maßeinheiten des SI-Systems ("Systéme International") zu verwenden;
Korrekturen im Manuskript unmittelbar an der zu korrigierenden Stelle anzubringen;
Formeln deutlich lesbar und möglichst groß einzutragen;
Farbabbildungen und nachträgliche Änderungen oder Ergänzungen in Abbildungen zu vermeiden;
hervorzuhebende Textellen zu unterstreichen, und zwar halbfetten Satz mit einer geraden schwarzen Linie, kursiven Satz (Schrägschrift) mit einer blauen Wellenlinie (alle Eigennamen), Sperrungen gestrichelt;
besondere Buchstaben durch farbige Unterstreichung zu kennzeichnen, und zwar Formelzeichen in

Griechisch-Kursiv (α, β, ...) rot,
Kursiv (A, B, ...) blau
halbfetter Kursiv($\boldsymbol{A}$, $\boldsymbol{B}$, ...) 2 Linien blau (Vektoren),
halbfetter Grotesk ($\mathbf{A}$, $\mathbf{B}$, ...)2 Linien violett (Tensoren);

bei Literaturangaben auf Vollständigkeit zu achten. In nachstehender Reihenfolge müssen angegeben sein:

a) bei *Zeitschriften*: Vorname-Initialen und Namen sämtlicher Autoren, Titel der Zeitschrift (nach „Periodica Chimica" oder möglichst wenig gekürzt), Bandnummer (unterstrichen), Jahreszahl (in Klammern), Heftnummer (nur bei Zeitschriften, die jedes Heft mit S. 1 beginnen) sowie die Seitenzahl, auf der die zitierte Arbeit beginnt.

b) bei *Büchern*: Initialen der Vornamen und Name des Autors (Herausgeber werden durch den Zusatz „ed." gekennzeichnet), voll ausgeschriebener Titel des Buches in der Originalsprache, evtl. Bandnummer, voll ausgeschriebener Name des Verlages, Nummer der Auflage (außder der ersten), Erscheinungsort(e), Erscheinungsjahr (hier nicht in Klammern setzen!) und evtl. Kapitelnummer, Seitenzahl u. ä.

c) bei *Sammelbänden, Tagungsberichten*: Es soll zusätzlich der Titel des zitierten Beitrags angegeben werden. Die Seitenzahl muß unbedingt angegeben werden. Aus dem Zitat muß hervorgehen, ob es sich um einen Tagungssammelband oder um einen noch nicht veröffentlichten Vortrag handelt. Zwischen Tagungsort und Erscheinungsort des entsprechenden Tagungsberichts ist zu unterscheiden.

3. Korrekturen

Der Autor erhält zwei Umbruchabzüge, von denen einer möglichst schnell korrigiert an die Redaktion zurückgereicht werden soll. Auf Wunsch des Autors kann die Korrektur auch von der Redaktion gelesen werden.
Durch nachträgliche Manuskriptänderungen verursachte Korrekturkosten gehen, sofern sie 10% der Satzkosten übersteigen zu Lasten des Autors.
Der Autor erhält 50 Sonderdrucke kostenlos. Weitere Sonderdrucke können bis zur Rückgabe der Korrekturabzüge auf Kosten des Autors bei der Redaktion bestellt werden.

Bezugsmöglichkeiten

Bestellungen sind zu richten

- **in der DDR** an das Postzeitungsvertrieb; an eine Buchhandlung oder an den AKADEMIE-VERLAG, DDR-108 Berlin, Leipziger Str. 3–4
- **im sozialistischen Ausland** an eine Buchhandlung für fremdsprachige Literatur oder an den zuständigen Postzeitungsvertrieb
- **in der BRD und Westberlin** an eine Buchhandlung oder an die Auslieferungsstelle KUNST UND WISSEN, Erich Bieber, 7 Stuttgart 1, Wilhelmstr. 3–4
- **in Österreich** an den Globus-Buchvertrieb, 1201 Wien, Höchstädtplatz 3
- **in den übrigen westeuropäischen Ländern** an eine Buchhandlung oder an die Auslieferungsstelle KUNST UND WISSEN, Erich Bieber GmbH, Ch-8008 Zürich/Schweiz, Dufourstraße 51
- **im übrigen Ausland** an den Internationalen Buch- und Zeitschriftenhandel; den Buchexport, Volkseigener Außenhandelsbetrieb der Deutschen Demokratischen Republik, DDR-701 Leipzig, Postfach 160, oder an den AKADEMIE- VERLAG, DDR-108 Berlin, Leipziger Str. 3–4.

Zeitschrift „Isotopenpraxis"

Herausgeber: Im Auftrag des Akademie-Verlages herausgegeben von Prof. Dr. Justus Mühlenpfordt und Prof. Dr. Carl Friedrich Weiss

Verlag: Akademie-Verlag, DDR-108 Berlin, Leipziger Straße 3–4; Fernruf 2236221 oder 2236229; Telex-Nr. 114420;

Bank: Staatsbank der DDR, Berlin, Kto.-Nr.: 6836-26-20712

Chefredakteur: Dr. Klaus Uhlig, Berlin

Anschrift der Redaktion (Fernruf: 6351177) der Zeitschrift Isotopenpraxis: Akademie-Verlag, DDR-108 Berlin, Leipziger Str. 3–4

Veröffentlicht unter der Lizenznummer 1527 des Presseamtes beim Vorsitzenden des Ministerrates der Deutschen Demokratischen Republik

Gesamtherstellung: VEB Druckerei „Thomas Müntzer", DDR-582 Bad Langensalza

Erscheinungsweise: Die Zeitschrift „Isotopenpraxis" erscheint monatlich. Die 12 Hefte eines Jahrganges bilden einen Band. Bezugspreis je Band 144,– M zuzüglich Versandspesen (Preis für die DDR 108,– M), Preis je Heft 12,– (Preis für die DDR 9,– M)

Bestellnummer dieses Heftes: 1079/15/8

AN (EDV) 12831

ISOTOPENPRAXIS ISSN 0021-1915

Band 15 (1979) Heft 8, S. 233–264

Redaktion und Verlag: Akademie-Verlag, Redaktion Isotopenpraxis, DDR-108 Berlin, Leipziger Straße 3–4

Inhaltsverzeichnis

Originalarbeiten

(*Fortsetzung des Inhaltsverzeichnisses auf der Rückseite des 2. gelben Blattes*)

ISOTOPENPRAXIS

Band **15** (1979) Heft 8, S. 233–264

Redaktion und Verlag: Akademie-Verlag, Redaktion Isotopenpraxis, DDR-108 Berlin, Leipziger Straße 3–4

Contents

Articles

N. Păunescu, A. Călușaru

Band Displacement Process with Redox Reactions for Uranium Isotope Separation by Chemical Exchange between U(IV)-Resin and U(VI)-Solution (*in English*)

Isotopenpraxis **15** (1979) No. 8, p. 233 to 235
3 Fig., – Tab., 12 Ref.

The extreme limits for $^{235}U/^{238}U$ % at ambiant temperature were determined experimentally with a long time band displacement process (almost 1 year) using the isotope exchange reaction between $U(IV)_{resin}$ and $U(VI)_{solution}$. These limits are 0·738 and 0·712, considering $^{235}U/^{238}U$ = 0·725 % for natural uranium. The redox reactions, allowing the band displacement were: (1) in front of the band is the reduction of U(VI) in solution by a cathionic resin in Ti(III)-form; (2) in the tail of the band is the oxydation of U(IV) in resin by a solution containing Fe(III) ions.

K. Gloe, P. Mühl

Experimental and Theoretical Treatment of Liquid-Liquid Extraction Equilibria

Isotopenpraxis **15** (1979) No. 8, p. 236 to 239
5 Fig., 1 Tab., 29 Ref.

On the example of a cation exchange extraction with *n*-caprylic acid the thermodynamic treatment of extraction equilibria is outlined, while the methods of the evaluation of experimental results are discussed. The possibilities of the use of the AKUFVE type extraction apparatus for such investigations are reported.

K. Wagner, F. Brutschin, I. Ritter, T. Graetsch, W. Zimmermann, H. Ebert

Investigation of Mixing Processes in the Production of Carbon and SiC Steel by Means of Radioactive Labelling

Isotopenpraxis **15** (1979) No. 8, p. 240 to 242
4 Fig., 2 Tab., 6 Ref.

Sound mixing of solid and liquid components is a necessary prerequisite for the production of carbon and SiC steel. Other methods being too time-consuming, experiments have been performed for more than 10 years by VEB EKL applying the method of radioactive labelling of one of the components, in order to investigate the mixing process in mixers holding up to 2000 kg, at which external labelling with ^{82}Br-naphtalene turned out to be advantageous. The state of mixture is characterized by statistical evaluation of the radioactivity of sample series, whose gamma-radiation is determined and whose weight, as a function of the size of mixers, is from 1 to 100 g per sample. Additionally, the fine distribution is determined by contact radioautography of plane sample surfaces.

K. Wagner, H. Lucke, F. Brutschin

On the Radioautography of Several Components in one Sample: Determination of ^{24}Na and ^{45}Ca Distribution in Silica Building Material Samples

Isotopenpraxis **15** (1979) No. 8, p. 242 to 244
3 Fig., 2 Tab., 4 Ref.

Sufficient difference in half-lives provides the simplest possibility of radioautographic imaging of several radionuclides in one sample. A calculating example shows that even with favourable graduation of half-lives and specific activities no more than three radionuclides in practical life can be subsequently radioautographed without mutual interference. When investigating silica building materials, the latter were subjected to neutron activation with subsequent determination of the distribution of ^{24}Na and of ^{45}Ca following.

Содержание

Статьи

Н. Паунеску, А. Калушару

Процесс сдвига полос в связи с редокс-реакциями для разделения изотопов урана путем химического обмена между смолой U(IV) и раствором U(IV) (*на англ. языке*)

Isotopenpraxis **15** (1979) вып. 8, стр. 233 до 235
3 рис., – табл., 12 лит.

Используя реакцию обмена изотопов между $U(IV)_{смола}$ и $U(VI)_{раствор}$ определились крайние пределы по $^{235}U/^{238}U$ % в долговременном процессе сдвига полос [почти один год]. Данные пределы составляют значения 0,738 и 0,712, соответственно, если в отношении естественного урана $^{235}U/^{238}U$ = 0,725 %. Редокс-реакции, способствующие сдвиг полос, были следующие: (1) у головы полос происходит восстановление U(VI) в растворе с помощью катионитной смолы типа Ti(III); (2) у конца полос происходит окисление U(IV) в смоле с помощью содержащего ионы Fe(III) раствора.

К. Глоэ, П. Мюль

Экспериментальная и теоретическая обработка равновесий жидко-жидкостной экстракции

Isotopenpraxis **15** (1979) вып. 8, стр. 236 до 239
5 рис., 1 табл., 29 лит.

На примере катионообменной экстракции с *н*-каприловой кислотой излагается термодинамическая обработка равновесий экстракции и обсуждаются методы обработки экспериментальных результатов. Докладывается о возможностях использования экстракционной аппаратуры типа AKUFVE для таких исследований.

К. Вагнер, Ф. Брутшин, И. Риттер, Т. Грэтшь

Исследование процессов смешения методом радиоактивного мечения в связи с получением углеродистых и кремнеуглеродистых сталей

Isotopenpraxis **15** (1979) вып. 8, стр. 240 до 242
4 рис., 2 табл., 6 лит.

Необходимой предпосылкой получения углеродистых и кремнеуглеродистых сталей является полное смешивание твердых и жидких составных частей. Имея в виду, что другие методы требуют большого времени, на з-де Электроколе Лихтенберг в течение более 10 лет проводится опытй, построенные на методе радиоактивного мечения одной из составных частей, с целью исследования процесса смешения по машинам с загрузкой до 2000 *кг*, причем внешнее мечение ^{82}Br-нафталином оказалось выгодным. Состояние смеси характеризуется путем статистической обработки радиоактивности серий проб, гамма-излучение которых определяется и вес которых в зависимости от емкости смесителя составляет от 1 до 100 грамм. Помимо этого, на сериях плоских проб путем контактной радиоавтографии поверхности проб определяется тонкое распределение.

К. Вагнер, Х. Лукке, Ф. Брутшин

Об авторадиографии некоторых компонент в одной пробе: Определение распределения ^{24}Na и ^{45}Ca в пробах силикатных строительных материалов

Isotopenpraxis **15** (1979) вып. 8, стр. 242 до 244
3 рис., 2 табл., 4 лит.

Самая простая возможность авторадиографического изображения некоторых радионуклидов в одной пробы обеспечена при наличии довольно различающихся времен полураспада. Пример расчета показывает, что даже в случае выгодной градации времен полураспада и специфических активностей в практике не более трех радионуклида можно последовательно авторадиографировать без взаимного вмешательства. Для исследования проб силикатных строительных материалов, после активации нейтронами сначала было изображено распределение ^{24}Na, а затем – распределение ^{45}Ca.

Band Displacement Process with Redox Reactions for Uranium Isotope Separation by Chemical Exchange between U(IV)-Resin and U(VI)-Solution

N. Păunescu, A. Căluşaru

(Central Institute of Physics, Bucharest)[1])

The extreme limits for $^{235}U/^{238}U$ % at ambiant temperature were determined experimentally with a long time band displacement process (almost 1 year) using the isotope exchange reaction between $U(IV)_{resin}$ and $U(VI)_{solution}$. These limits are 0·738 and 0·712, considering $^{235}U/^{238}U = 0{\cdot}725\%$ for natural uranium. The redox reactions, allowing the band displacement were: 1) in front of the band is the reduction of U(VI) in solution by a cathionic resin in Ti(III)-form; 2) in the tail of the band is the oxydation of U(IV) in resin by a solution containing Fe(III) ions.

(B13) INIS DESCRIPTORS:

cations; ion exchange; isotope ratio; isotope separation; isotopic exchange; iron compounds; organic ion exchangers; redox process; titanium compounds; uranium 235; uranium 238; uranium compounds

1. Introduction

In a previous work [1] we have studied the problem of uranium isotope separation by a break-through process using the isotope exchange reaction between U(IV) in cathionic resin form and $UO_2(NO_3)_2$ in solution. We have found in agreement with the previous data on the Cl^- containing systems that also in the presence of NO_3^-, ^{235}U concentrates in solution, while ^{238}U concentrates in resin phase [2—4]. Obviously this behaviour holds in the both direct [2] and inverse [1, 3—5] break-through processes. At the room temperature the nitrate anion in solution catalyses the isotopic exchange reaction [1] as compared with the chloride anion [3—5]. However, from the practical point of view, for the uranium isotope separation by chemical and ion exchange the most suitable is the method of the uranium band displacement with redox processes studied systematically by *Căluşaru* and *Murgulescu* [6]. In the case of this method among the most important parameters for technological applicability is the duration of the equilibrium establishment of the isotopic exchange reaction [7]. This is why in the present work a special attention was paid to a very long time experiment (almost 1 year) for the displacement of an uranium band with redox reactions.

2. Method of Band Displacement with Redox Reactions

The method of band displacement with redox reactions is the combination of the both direct and inverse break-through processes. The essential feature is to find suitable redox reactions, allowing to carry out the following isotopic exchange reaction (R is the resin and S the solution phases):

$$^{235}U(IV)_R + {}^{238}U(VI)_S \rightleftharpoons {}^{238}U(IV)_R + {}^{235}U(VI)_S \qquad (1)$$

As it has been already emphasised [1—6] the apparent equilibrium constant of this reaction is somewhat higher than the unity, since the equilibrium is slightly displaced towards the right side.

The redox reaction corresponding to the direct break-through process occuring in the front of the band is a reduction of the $U(VI)_S$ to $U(IV)_R$ by $Ti(III)_R$ [2]:

$$U(VI)_S + 2\,Ti(III)_R \rightarrow U(IV)_R + 2\,Ti(IV)_S \qquad (2)$$

[1]) Address: Bucharest, P. O. B. 5206; Romania

In this way $U(IV)_R$, necessary for the reaction (1) to occur, is obtained. We have shown previously [1] on the basis of the both experimental results [2, 6] and computer calculations [8] (see also [9, 10]), that the direct break-through process is complicated by two superimposed effects:

a) the total reduction of $U(VI)_S$ in the few first elementary cells at the front of the band, which reduces the apparent equilibrium constant to the unity, owing to the lack of $U(VI)_S$;

b) an antagonistic isotope effect of the reduction reaction (2) corresponding to an isotopic reaction with an apparent equilibrium constant lower than the unity, as compared with the isotope effect of the reaction (1).

The combination of the reaction (1) and the effects (a) and (b) produces a maximal value of the ratio $^{235}U/^{238}U$ in the neighbourhood of the front.

A formally simpler behaviour has been found experimentally [3, 4] in the inverse break-through process corresponding to the tail of the band; this case has been studied theoretically [9] and simulated by numerical computer calculation [10]. The redox reaction used for the band displacement in the band tail is an oxidation of $U(IV)_R$ to $U(VI)_S$ by $Fe(III)_S$:

$$3\,U(IV)_R + 10\,Fe(III)_S \rightarrow 3\,U(VI)_S + 6\,Fe(II)_S + 4\,Fe(III)_R \qquad (3)$$

There are two paths in which the reaction (3) can occur:

1) The oxydation in resin phase of $U(IV)_R$ to $U(VI)_R$ followed by the displacement by Fe(III) to produce $U(VI)_S$.

2) The displacement of $U(IV)_R$ to $U(IV)_S$ followed by the oxydation in solution with Fe(III) to produce $U(VI)_S$.

On the consideration of the reaction (3) only it is rather difficult to decide between the paths 1) or 2); but considering the high temperature elution of $U(IV)_R$ with nitric acid the process *via* path 1) can be directly observed.

As for the cases of the direct [2] and inverse [3—5] break-through processes, also for the band displacement process both experimental data [6] and computer simulation [10] are availables.

In agreement with the experimental results measured at higher temperatures in water-glycerine solutions [6], by numerical computer calculation [10], curves having the shape shown on Fig. 1a have been obtained. At lower temperatures (Fig. 1b) the

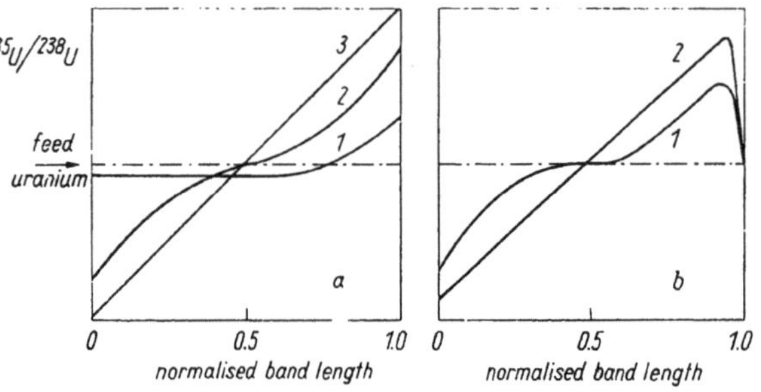

Fig. 1. The general shape of the band displacement curves simulated by computer calculation, considering the uranium isotope composition in the resin phase

a) High temperature process: 1 — U(IV) band formation; 2 — non isotopic equilibrium displaced band; 3 — displaced band at isotopic equilibrium

b) Low temperature process (with antagonistic isotope effect): 1 — non isotopic equilibrium displaced band; 2 — displaced band at isotopic equilibrium

antagonistic isotope effect [2] modifies the shape of the enriched fraction for the both non equilibrium and equilibrium isotopic composition of the bands.

3. Experimental Part

The process of band displacement was carried out in columns of 0·6 cm diameter and 1 m length. The temperature stability inside the columns was of the order ± 2 °C. A resin Dowex 50 × 8, 200—400 or 100—200 mesh in H-form was used as support. This resin was transformed in Ti(III)-form by washing it with a solution containing $TiCl_3$ 0·74 M + HCl 0·1 M. Owing to the strong tendency of Ti(III) to be oxidised by the discolved oxygen and then hydrolised, only the relatively low temperature experiences were carried out, since no inhibitor for hydrolysis was used.

A U(IV) band was obtained by introducing on the resin in Ti(III)-form a solution containing UO_2Cl_2 0·047 M + HCl 0·1 M with a flow rate of 10 ml h^{-1}. By this process the reduction reaction (2) occurs and U(IV) is strongly adsorbed on resin with simultaneous displacement of Ti(IV). When the desired length of U(IV) is reached the UO_2Cl_2 containing solution is replaced with an oxydant eluent: $FeCl_3$, 0·1 M + NaCl, 0·25 M or simple $FeCl_3$, 0·2 M. The oxydation of U(IV) to U(VI) is associated with the elution process and U(VI) is displaced from the resin form by Fe(III) ions. The isotope exchange reaction (1) occurs by the flow of the U(VI) containing solution through the U(IV) resin band.

This elution process with Fe(III)-solution and Ti(III)-resin produces therefore the displacement of the U(IV) band with redox processes in conditions of the continuous isotope exchange, enriching the solution in ^{235}U isotope and depleting the resin in the same isotope. In order to ensure the desired displacement length the uranium band was transfered in several columns filled with resin in Ti(III)-form. At the end of the band displacement process the uranium containing solution was fractioned with an automatic sample collector LKB 7000 Ultro Rac. Several collected samples, corresponding to different portions across the band were analysed isotopically with a VARIAN-MAT CH 6 type mass-spectrometer. For this purpose the uranyl ions transformed in nitrate form and separated from iron were deposited and dryed on rhenium ribbons using a standard programme. Average values of the order 0·723—0·725 were obtained for the ratio $^{235}U/^{238}U$ % corresponding to natural uranium. The standard average deviation was in general smaller than 0·5%.

4. Experimental Results

Through experimental investigation of the isotope exchange reaction (2) using both direct [2] and inverse [1, 3—4] breakthrough methods showed that the rate determining step of the overal isotopic exchange reaction is the mass transport phenomena (ion diffusion) in the resin phase. The slow step can be accelerated by the increase of the temperature since the diffusion coefficients depend exponentially on the activation energy of the mass transport process after an *Arrhenius* type equation. The use of the resins with low cross-linking increases also the overall rate of the exchange process because in these resins a small part only of the uranium is absorbed deeply inside the resin grain. For the practical application [6] the high speed process is to be prefered. However in order to investigate the limits of the method, a long time process must be investigated.

a) *High speed band displacement.* Although the increase of the temperature allow to obtain high equilibrium constants for the isotopic exchange reaction (1) [2, 3, 5], it represents an important complication of a technological plant for uranium isotope separation. We have however carried out an experiment at about 43 °C in order to can use a relative high flow rate of the eluent. In this experiment an uranium band of 28 cm length was displaced with a solution containing ferric ions on 150 cm resin column in Ti(III)-form. This represents a displacement of 5·35 times band length. At a displacement rate of 12·4 cm/d the duration of the experiment was 12 days. The results obtained are presented in Fig. 2. In this case the uranium isotopic composition along the band is not at equilibrium owing to the high flow rate and small displacement length. The values of the isotopic ratio lie in the interval 0·739—0·718, considering the value $^{235}U/^{238}U$ = 0·725% for natural uranium.

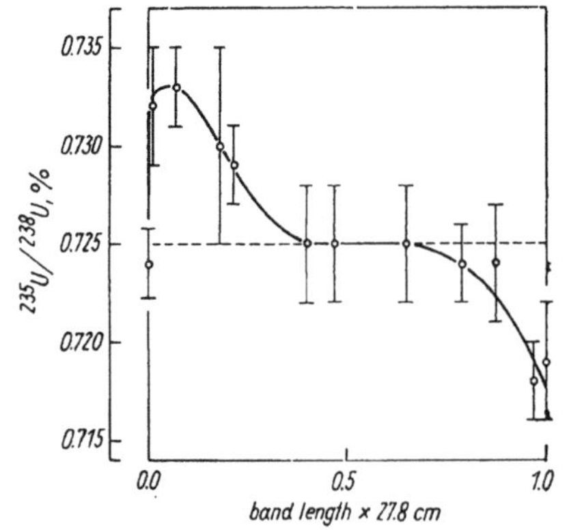

Fig. 2. Variation of uranium isotopic composition in elutriant as a function of band length

Uranium band displaced on cathionic resin Dowex 50 × 8, 200—400 mesh in Ti(III)-form with the eluant: $FeCl_3$, 0·1 M + HCl, 0·05 M; temperature 43 ± 2 °C; band length, 27·8 cm; displacement length, 150 cm (5·4 × *l*); rate of displacement, 12·4 cm d^{-1}; displacement time, 12 d; UO_2Cl_2, 1·237 g; resin quantity, 60 ml (in water); column diameter, 0·6 cm

b) *Low speed band displacement.* In order to determine the maximal upper and lower limits of the ratio $^{235}U/^{238}U$, which can be obtained at the ambiant temperature, an experiment at a low speed band displacement has been carried out. On the other hand the numerical computer calculation [10] showed that the separation efficiency is better when the number of the elementary active cells is increased. This is why a relatively long uranium band (180 cm) was used in this experiment. At an eluent flow rate of 5·43 cm/d and a displacement length of 1800 cm, 332 d, therefore almost 1 a, were necessary. In these conditions, as it

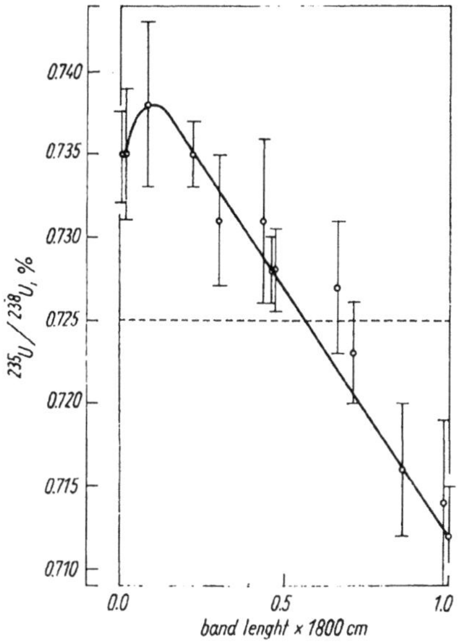

Fig. 3. Uranium isotopic composition in elutriant *vs.* band length

Uranium band displaced on cathionic resin Dowex 50 × 8, 100 – 200 mesh in Ti(III)-form with $FeCl_3$, 0·2 M; room temperature; band length, 180 cm; displacement length 1800 cm (10 × l); rate of displacement, 5·43 cm d^{-1}; displacement time, 332 d; UO_2Cl_2, 12 g; resin quantity, 720 ml (in water); column diameter, 0·6 cm

can see from Fig. 3, the equilibrium isotopic composition of the band has been obtained. For this case the extreme values of the isotopic ratio $^{235}U/^{238}U$ % are in the same time the maximal ones: 0·738 and 0·712. According to the material schedule for ^{235}U the line showing the equilibrium isotopic composition must intercept the feed material line at the abscissa 0·5 × l; this is why the line on Fig. 3 was drawn much lower as compared with the case of the statistic processing of the experimental points.

5. Discussion

The experimental results presented in Fig. 2 and 3 can be considered as an experimental verification of the previous computer simulated data of the band displacement processes [10, 11]. The agreement between the both numerical and experimental points is excellent when the superimposition of two reaction having antagonistic effects in the band tail are considered, as in the case of the direct break-through process [2, 10, 11]. This situation holds at lower temperatures, since at higher ones the antagonistic isotope effect disappears [6].

For a deeper comparation of the low and high temperature effects a more through discussion is necessary.

The previous published data [1—10] and also the ones presented in this work show that for the separation of the uranium isotopes with the chemical and ion exchange method, an optimisation analysis of the work parameters is involved. Taking into account that the resin and the redox reagents can be resonably regenerated and reused [12], two important parameters remain to be considered more thoroughly: 1) temperature and 2) flow rate of the eluent. In the most favourable case the ambiant temperature and a high flow rate are to be prefered. It has been found [11] that over a certain limit the increase of the flow rate does not allow to obtain a detectable isotopic separation. Concerning the temperature influence, even in the case of the experiment of long duration (Fig. 3) and relatively long band length (180 cm) the isotopic ratio interval (0·733—0·712) is considerrably narrower at the ambinant temperature as compared with the high temperature process [6] (0·751—0·699 for a band length of about 50 cm). For the first case a smaller global separation factor is obtained, as compared with the second one (1·0213). The cascade parameters calculated at different separation factors [6] showed that both number of separation stadies and amount of uranium in cascade per product unit are considerable influenced by the value of the separation factor. In addition to this the eluent flow rate can be increased since the diffusion coefficient in resin increases considerably at higher temperatures. The strong hydrolysis of both titanium and ferric ions at higher temperature can be very effectively hindered when the solvent water-glycerine is used [5, 6]. In these systems it was possible to carry out the separation of uranium isotopes at 80 °C without special difficulties.

The cascade parameters are of decisive importance since for the uranium isotopes rather gigantic plants are a characteristic feature. The work by means of cascade seems to be not avoidable owing to the very small separation factors per separation unit.

Eingegangen am 21. 9. 1978

Literature

[1] *N. Păunescu, A. Călușaru*, Isotopenpraxis **14** (1978) 160
[2] *A. Ponta, A. Călușaru*, Isotopenpraxis **11** (1975) 422
[3] *J. Shimokawa, F. Kobayashi*, Isotopenpraxis **6** (1970) 121; *J. Shimokawa, F. Kobayashi*, Isotopenpraxis **6** (1970) 170
[4] *A. Ponta, A. Călușaru*, Isotopenpraxis **13** (1977) 214
[5] *S. Murgulescu, A. Călușaru*, Rev. Chim. Minerale **14** (1977) 523
[6] *A. Călușaru, S. Murgulescu*, Naturwissenschaften **63** (1976) 578
[7] *C. J. Hardy*, Intern. Conf. Uranium Isotope Separation, London, 1975 (Communication No. 12)
[8] *E. Gârd, A. Călușaru*, to be published
[9] *E. Gârd, A. Călușaru*, Isotopenpraxis **13** (1977) 121
[10] *E. Gârd, A. Călușaru*, Isotopenpraxis **13** (1977) 174
[11] *E. Gârd, A. Călușaru*, unpublished results
[12] *A. Călușaru*, Roumanian Patent No. 62074, 10. 02. 1977 (registration data 30. 05. 1973)

Experimentelle und theoretische Behandlung von Flüssig-Flüssig-Extraktionsgleichgewichten

K. Gloe, P. Mühl

(Zentralinstitut für Festkörperphysik und Werkstofforschung der AdW der DDR)[1])

Am Beispiel einer Kationenaustauschextraktion mit n-Caprylsäure werden die thermodynamische Behandlung von Extraktionsgleichgewichten dargelegt und die Methoden zur Auswertung experimenteller Ergebnisse diskutiert. Es wird über die Einsatzmöglichkeiten der Extraktionsapparatur AKUFVE bei derartigen Untersuchungen berichtet.

(B12) INIS DESCRIPTORS:

cations; distribution functions; extraction apparatuses; equilibrium; iron 59; iron compounds; octanoic acid; pH value; polymerization; quantity ratio; solvent extraction; thermodynamic activity; tracer techniques

Die Flüssig-Flüssig-Extraktion ist ein sehr effektives und elegantes Trenn- und Anreicherungsverfahren für Metallionen in wäßriger Lösung. Ausgehend von Erfolgen bei analytischen und radiochemischen Trennungen setzte sich diese Methode bei der Kernbrennstoffaufarbeitung auch in größerem Maßstab durch. In den letzten 10 Jahren spielt die Flüssig-Flüssig-Extraktion als Einheitsverfahren der Hydrometallurgie im Zusammenhang mit der zunehmenden Bedeutung hydrometallurgischer Metallgewinnungsverfahren eine immer größere Rolle. Dementsprechend umfangreich ist das in der Literatur vorliegende Material sowohl zu grundlegenden Fragen von Extraktionsgleichgewichten als auch zu den verschiedensten Aspekten ihrer Anwendung (vgl. [1—7]). Die Vielfalt der Anwendungsmöglichkeiten resultiert dabei aus der großen Zahl von variablen Einflußgrößen, die den Übergang von Metallionen aus einer wäßrigen in eine organische Phase beeinflussen. Auf der anderen Seite bedingt diese Tatsache auch einen umfangreichen Aufwand bei der experimentellen und theoretischen Bearbeitung. Die grundlegende Aufgabe, die es unter Einsatz der Flüssig-Flüssig-Extraktion zu lösen gilt, ist die Überführung eines Metallions in eine Verbindung, die in einer wäßrigen Lösung praktisch unlöslich, aber in einem organischen Lösungsmittel sehr gut löslich ist und dadurch von anderen Metallionen abgetrennt werden kann. Somit gilt es, sowohl derartige Verbindungen als auch die optimalen Bedingungen ihrer Bildung und Überführung in die organische Phase zu ermitteln. Das erfordert eine umfassende Klärung der allgemeinen Gesetzmäßigkeiten und speziellen Besonderheiten der Extraktionssysteme.

Im folgenden soll auf einige Probleme der experimentellen und theoretischen Behandlung von Extraktionsgleichgewichten eingegangen werden.

1. Thermodynamische Behandlung von Extraktionsgleichgewichten am Beispiel der Kationenaustauschextraktion

Extraktionsgleichgewichte mit kationenaustauschenden Extraktionsmitteln sind infolge einer Reihe verschiedenartiger Wechselwirkungen in der wäßrigen und organischen Phase relativ kompliziert [8, 9]. Einen Prozeß, bei dem Polymerisation und Solvatation der extrahierten Verbindung sowie Dimerisation des Extraktionsmittels in der organischen Phase zu berücksichtigen sind, stellen Systeme mit aliphatischen Monocarbonsäuren dar [10]. Die allgemeine Reaktionsgleichung lautet dann wie folgt:

$$x\,\mathrm{M}^{n+}_{(w)} + \frac{x}{2}\,(n+s)\,(\mathrm{HR})_{2(o)} \overset{K_{Ex}}{\rightleftharpoons} (\mathrm{MR}_n \cdot s\mathrm{HR})_{x(o)} + n \cdot x\mathrm{H}^{+}_{(w)} \tag{1}$$

M^{n+} = n-wertiges Metallion
$(HR)_2$ = dimerisierte aliphatische Monocarbonsäure
x = Polymerisationsgrad
s = Solvatationszahl
(o) bzw. (w) kennzeichnen die organische bzw. wäßrige Phase.

Die Extraktionskonstante K_{Ex} ergibt sich entsprechend zu:

$$K_{Ex} = \frac{c_{M(o)} \cdot a^{n \cdot x}_{H^+(w)} \cdot \Phi^x}{x \cdot c^x_{M(w)} \cdot c^{x/2(n+s)}_{(HR)_{2(o)}}} \cdot \frac{f_{EV(o)}}{f^{x/2(n+s)}_{(HR)_{2(o)}}\, f^x_{\pm(w)}} \tag{2}$$

$c_{M(o)}, c_{M(w)}$ = analytische Konzentrationen des Metalls in beiden Phasen
$c_{HR(o)}$ = analytische Konzentration der freien Säure in der organischen Phase
f = Aktivitätskoeffizienten der Komponenten

Die in Gleichung (2) enthaltene Funktion Φ berücksichtigt Komplexbildung und Hydrolyse der Metallionen in der wäßrigen Phase.

$$\Phi = 1 + \sum_{m=1}^{i} \beta_m c^m_A \tag{3}$$

β = Bruttokomplexstabilitätskonstanten
$A = OH^-, Cl^-, NO_3^-, SO_4^{2-}$ u. ä.

Der Zusammenhang mit der Metallkonzentration ist durch Beziehung (4) gegeben.

$$c_{M^{n+}_{(w)}} = \frac{c_{M(w)}}{\Phi} \tag{4}$$

Bei konstanter Ionenstärke in der wäßrigen Lösung und Extraktionsmittelüberschuß ($c_{HR(o)} \gg c_{M(o)}$) sowie unter der Voraussetzung, daß alle möglichen Wechselwirkungen durch Gleichung (1) berücksichtigt werden, können die Aktivitätskoeffizienten als konstant angenommen werden.*) Man erhält dann vereinfacht:

$$\overline{K} = \frac{c_{M(o)} \cdot a^{n \cdot x}_{H^+(w)} \cdot \Phi^x}{x \cdot c^x_{M(w)} \cdot c^{x/2(n+s)}_{(HR)_{2(o)}}} \tag{5}$$

$$\overline{K} = K_{Ex} \cdot \frac{f^{x/2(n+s)}_{(HR)_{2(o)}} \cdot f^x_{\pm(w)}}{f_{EV(o)}} \tag{6}$$

*) In der Literatur werden auch einige brauchbare Näherungsverfahren zur Bestimmung von Aktivitätskoeffizienten in konzentrierten Salzlösungen angegeben [11, 12].

[1]) Anschrift: 8027 Dresden, Helmholtzstraße 20

Durch Einführung des experimentell gut zugänglichen Verteilungsverhältnisses D, des Quotienten aus den analytischen Konzentrationen des Metalls in organischer und wäßriger Phase $\left(D_M = \frac{c_{M(o)}}{c_{M(w)}}\right)$, Umformung und Logarithmieren erhält man

$$\lg D_M = \lg \overline{K} + n \cdot x \cdot pH - x \lg \Phi + (x - 1) \lg c_{M(w)} + \lg x + \frac{x(n + s)}{2} \lg c_{(HR)_{2(o)}} \quad (7)$$

Gleichung (7) gestattet entweder direkt durch Regressionsrechnung [13–15] bzw. nach entsprechender modifizierter Umformung durch slope-Analyse die Bestimmung des Polymerisationsgrades x, der Solvatationszahl s und damit der Extraktionskonstante $\overline{K}$. Bei D = const. sowie $c_{(HR)_{2(o)}}$ = const. vereinfacht sich die Beziehung (7) zu:

$$pH = \frac{1}{n} \lg \Phi + K_1 - \frac{x - 1}{nx} \lg c_{M(w)} \quad (8)$$

Analog erhält man bei D = const. sowie $c_{M(w)}$ = const.:

$$pH = \frac{1}{n} \lg \Phi + K_2 - \frac{(n + s)}{2n} \lg c_{(HR)_{2(o)}} \quad (9)$$

Graphische bzw. rechnerische slope-Analysen der experimentellen Daten führen dann zu den gesuchten Parametern x und s.

2. Experimentelle Arbeitsweise

Experimentell wird so vorgegangen, daß die beiden miteinander nicht mischbaren Phasen kontaktiert werden. Nach erfolgter Gleichgewichtseinstellung werden die beiden Phasen wieder getrennt und mit Hilfe analytischer Methoden die Metallkonzentrationen und daraus das Verteilungsverhältnis D_M bestimmt. Traditionell werden derartige Versuche in Schütteltrichtern durchgeführt. Dabei ist für jeden experimentellen Wert ein getrennter Versuch notwendig. Der Aufwand wird bei Variation der Metallkonzentration, des pH-Wertes, der Extraktionsmittelkonzentration, des Verdünnungsmittels, der Temperatur usw. entsprechend hoch und hängt außerdem stark vom Geschick des Experimentators ab. Bestimmte Untersuchungen, z. B. bei konstanten $c_{M(w)}$, $c_{M(o)}$, pH bzw. D_M, die von großer Bedeutung für die Bestimmung einzelner Reaktionsparameter sind, lassen sich gar nicht oder nur mit einer großen Anzahl von Versuchen realisieren. Kein experimenteller Wert ist auf diese Weise automatisch registrierbar. Eine Verbesserung hinsichtlich des Aufwandes als auch bezüglich der umfassenderen Beschreibung des Systems erfolgt durch den Einsatz der schwedischen AKUFVE-Apparatur (MX-Processer, Mölndal/Schweden). Eine derartige Anordnung ermöglicht die kontinuierliche Messung von Metallverteilungen bei Variation der interessierenden Parameter [16]. Die beiden Phasen werden dabei in einer Mischkammer innig vermischt, anschließend in einer Ultrazentrifuge wieder getrennt, in unterschiedlichen Detektoren analysiert und wieder der Mischkammer zugeführt.

Abb. 1 zeigt das Blockschema einer AKUFVE-Apparatur mit entsprechenden Peripheriegeräten, wie sie im Zentralinstitut für Festkörperphysik und Werkstofforschung Dresden betrieben wird. Die Bestimmung der Metallkonzentration in beiden Pha-

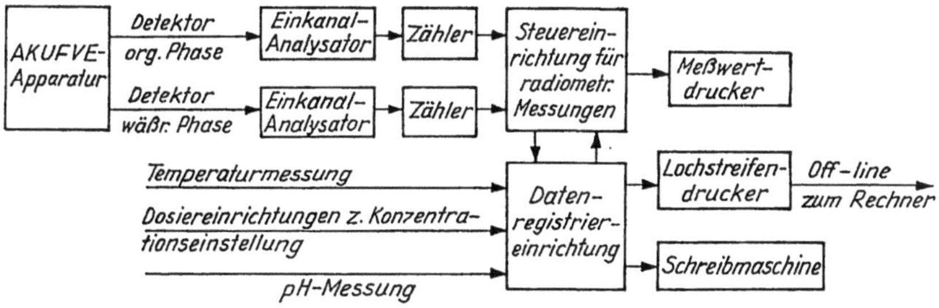

Abb. 1. Schema des Meßsystems zur kontinuierlichen Bestimmung von Verteilungsverhältnissen im ZFW Dresden

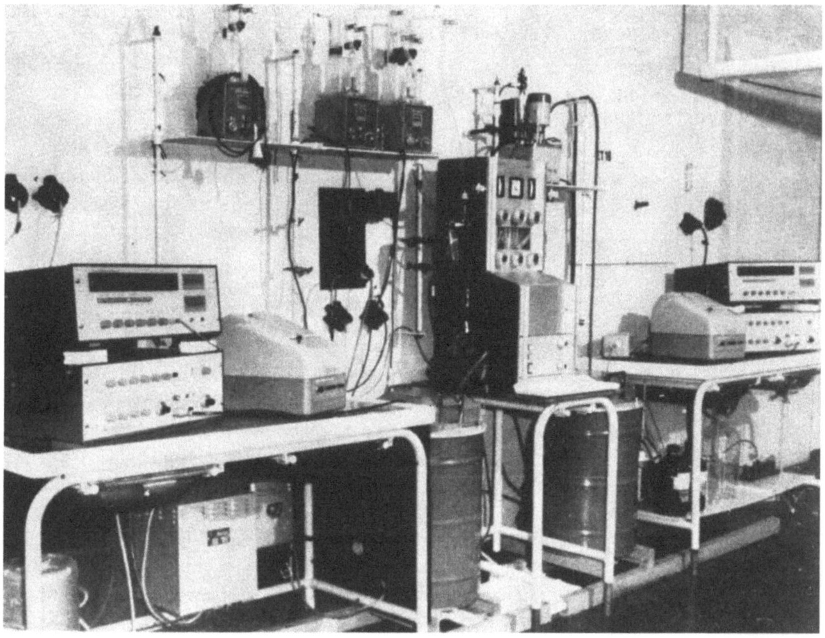

Abb. 2. Extraktionsapparatur AKUFVE und Meßsystem im Laborbetrieb

sen erfolgt mit Radionukliden. Außerdem sind eine Temperaturmessung sowie pH-Wert-Bestimmung der wäßrigen Phase möglich. Zur Konzentrationseinstellung dienen elektrische Dosiereinrichtungen. Die Temperatur wird durch Thermostatierung der Lösung konstant gehalten. Eine Registriereinrichtung übernimmt die Speicherung der anfallenden experimentellen Werte sowohl in einem Protokoll als auch auf einem Lochstreifen zur weiteren rechnerischen Auswertung.

Abb. 2 zeigt die Anordnung im praktischen Betrieb.

3. Experimentelle Ergebnisse und Diskussion

Abb. 3 zeigt das (lg D-pH)-Diagramm für das System $FeCl_3$–1 M NaCl–H_2O/1 M n-Caprylsäure-Decan. Es wurden 3 parallelverlaufende Kurven für Ausgangskonzentrationen an Fe(III) von $5 \cdot 10^{-2}$ M (Kurve 1), $5 \cdot 10^{-3}$ M (Kurve 2) und $5 \cdot 10^{-4}$ M (Kurve 3) erhalten. Die Meßwerte wurden mit Hilfe der AKUFVE-Technik unter Einsatz von ^{59}Fe bestimmt. In Kurve 1 sind zusätzlich Meßpunkte, die mit der traditionellen Schütteltechnik ermittelt wurden, angegeben. Die Übereinstimmung der experimentellen Werte liegt innerhalb der Fehlergrenze. Die Abhängigkeit der Fe-Verteilung von der Konzentration sowie der Kurvenverlauf sind entsprechend den Gesetzmäßigkeiten der Kationenaustauschextraktion [8] durch Polymerisation der extrahierten Verbindung bedingt. Führt man eine Auswertung der erhaltenen Daten gemäß Gleichung (8) durch, so erhält man für das vorliegende System

$$pH - \frac{1}{3} \lg \Phi = K_1 - \frac{x-1}{3x} \lg c_{Fe(w)} \tag{8a}$$

mit

$$\Phi = 1 + \sum_{m=1}^{3} \beta_m \cdot c_{Cl^-}^m + \sum_{m=1}^{2} {}^*\beta_m \cdot \frac{1}{c_{H^+}^n} + 2{}^*\beta_{22} \cdot c_{Fe^{3+}} \cdot \frac{1}{c_{H^+}^2} \tag{4a}$$

Cl^-: $\lg \beta_1 = 0{,}62$ $\quad OH^-$: $\lg {}^*\beta_1 = -2{,}74$

$\lg \beta_2 = 0{,}73$ $\quad \lg {}^*\beta_2 = -6{,}05$

$\lg \beta_3 = -0{,}67$ $\quad \lg {}^*\beta_{22} = -2{,}85$ [17].

Die entsprechende Graphik für Gleichung (8a) ist in Abb. 4 dargestellt. Aus dem Anstieg erhält man x zu 3. Es liegen also trimere Fe(III)-Caprylatkomplexe in der organischen Phase vor (vgl. [18, 19]).

Durch einen speziellen AKUFVE-Aufbau läßt sich der experimentelle Aufwand zur Bestimmung des Polymerisationsgrades

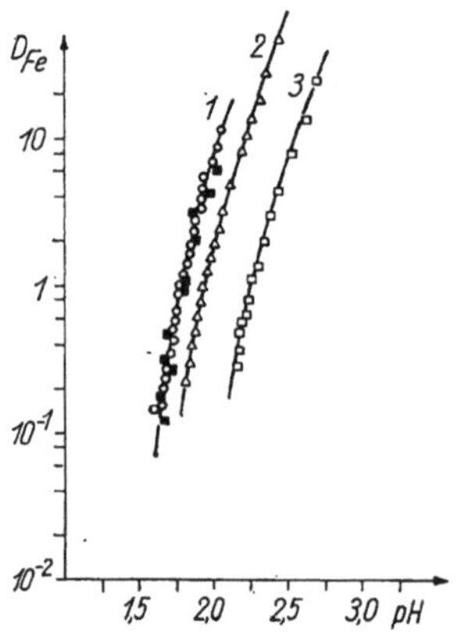

Abb. 3. Extraktion von Fe(III) mit n-Caprylsäure bei Variation des pH-Wertes

$c_{n\text{-Caprylsäure}} = 1$ M (n-Decan); $c_{NaCl} = 1$ M; $c_{Fe(gesamt)} = 5 \cdot 10^{-2}$ M (Kurve 1), $5 \cdot 10^{-3}$ M (Kurve 2), $5 \cdot 10^{-4}$ M (Kurve 3).

-○-, -△-, -□- AKUFVE-Meßwerte; -■- Einzelversuche

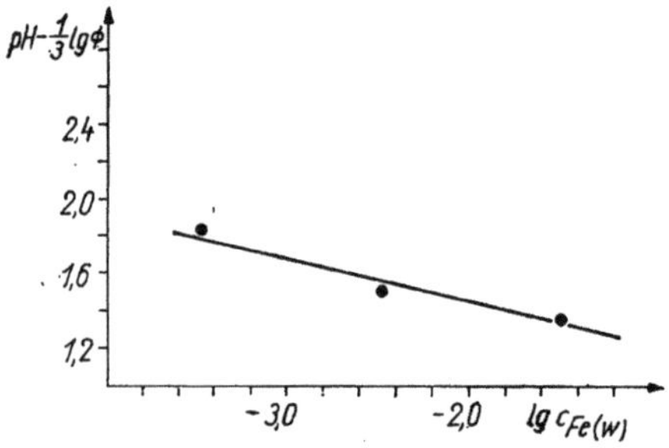

Abb. 4. Graphische Bestimmung des Polymerisationsgrades der extrahierten Fe-Verbindung nach Gleichung (8a)

(experimentelle Daten bei $D = 0{,}5$ aus Abb. 3)

entscheidend verringern. Während zur Bestimmung des Polymerisationsgrades mittels konventioneller Arbeitsweise verschiedene Versuchsreihen mit einer größeren Anzahl einzelner Meßpunkte ausgewertet wurden, erhält man den Polymerisationsgrad nach Gleichung (8a) mit der AKUFVE-Apparatur direkt in einem Versuch. Dabei wird das Verteilungsverhältnis D_{Fe} durch Zugabe von Säure bzw. Lauge konstant gehalten und die Konzentration an Fe(III) in der wäßrigen Lösung kontinuierlich variiert.

Tab. 1 gibt eine Zusammenstellung der erhaltenen Werte. Die mathematische Auswertung mit einem programmierbaren Kleinrechner ergibt $x = 3{,}1 \pm 0{,}4$.

Tab. 1. Experimentelle Werte zur Bestimmung des Polymerisationsgrades der extrahierten Fe-Verbindung unter Einsatz der AKUFVE-Apparatur

$c_{Fe(gesamt)}$ M	D_{Fe}	pH
$3 \cdot 10^{-7}$	$6{,}38 \cdot 10^{-1}$	2,85
$6 \cdot 10^{-4}$	$6{,}42 \cdot 10^{-1}$	2,12
$1 \cdot 10^{-3}$	$6{,}40 \cdot 10^{-1}$	2,07
$3 \cdot 10^{-3}$	$6{,}38 \cdot 10^{-1}$	1,92
$5 \cdot 10^{-3}$	$6{,}37 \cdot 10^{-1}$	1,85
$8 \cdot 10^{-3}$	$6{,}36 \cdot 10^{-1}$	1,83
$1 \cdot 10^{-2}$	$6{,}39 \cdot 10^{-1}$	1,83
$5 \cdot 10^{-2}$	$6{,}34 \cdot 10^{-1}$	1,68

$c_{n\text{-Caprylsäure}} = 1$ M (n-Decan)
$c_{NaCl} = 1$ M

In entsprechender Weise kann auch bei der Bestimmung der Solvatationszahl vorgegangen werden. Man arbeitet dann gemäß Gleichung (9a)

$$pH - \frac{1}{3} \lg \Phi = K_2 - \frac{3+s}{6} \lg c_{(HR)_{2(o)}} \tag{9a}$$

bei konstantem Verteilungsverhältnis D_{Fe} sowie konstanter Metallkonzentration $c_{Fe(w)}$ in der wäßrigen Phase und variiert kontinuierlich die Extraktionsmittelkonzentration. Unter den im Beispiel gewählten experimentellen Bedingungen beobachtet man keine Solvatation der extrahierten Fe(III)-Verbindung. Allerdings wird ein Mol H_2O pro Fe(III)-Atom in die organische Phase übergeführt, so daß die extrahierte Verbindung die Zusammensetzung $(FeR_3 \cdot H_2O)_3$ besitzt [18]. In analoger Weise wurden Untersuchungen zum Mechanismus der Extraktion verschiedener Buntmetalle mit Monothio-β-diketonen, α-Dioximen und *Schiff*schen Basen durchgeführt [20–22].

Auf Grund der Tatsache, daß man mit Hilfe der AKUFVE-Apparatur die Verteilungsverhältnisse kontinuierlich bestimmt

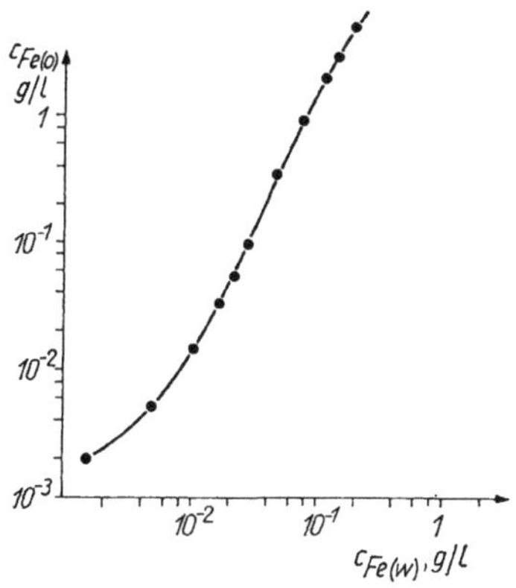

Abb. 5. Isotherme für die Fe(III)-Abtrennung aus konzentrierter $AlCl_3$-Lösung

$c_{n\text{-Caprylsäure}} = 5{,}0$ M; $c_{Fe(gesamt)} = 2 \cdot 10^{-4}$ M $- 1 \cdot 10^{-1}$ M; $c_{AlCl_3} = 1{,}94$ M; pH $= 0{,}82$

— im allgemeinen Meßregime wird die Radioaktivität der beiden Phasen jede Minute ermittelt —, erhält man für jeden experimentellen Punkt gleichzeitig die Zeit der Gleichgewichtseinstellung. Das führt dazu, daß man Unterschiede bzw. Anomalien bei der Gleichgewichtseinstellung in Abhängigkeit von den äußeren Parametern jeweils mitbestimmen und entsprechend beachten kann [22, 23]. Über direkte kinetische Untersuchungen mit Hilfe der AKUFVE-Apparatur wird in der Literatur berichtet [24]. Das Verfahren ist jedoch umstritten, da speziell bei Extraktionsreaktionen, die an den Phasengrenzflächen ablaufen, eine bekannte konstante Grenzfläche nicht eingehalten werden kann [25].

Neben thermodynamischen und kinetischen Fragestellungen sind speziell bei der Entwicklung von Extraktionsverfahren stoff- und prozeßbezogene Charakteristika zu ermitteln, um den Trennprozeß zu optimieren. Das ist mit einer Reihe verschiedener AKUFVE-Anordnungen realisierbar, wobei sich eine Rechnerkopplung als vorteilhaft erweist [26, 27]. Abb. 5 zeigt die Isotherme der Fe(III)-Abtrennung aus konzentrierter $AlCl_3$-Lösung. Diese Isotherme erhält man im AKUFVE in einem Experiment, indem man die Eisenkonzentration bei konstanter Extraktionsmittelkonzentration allmählich erhöht. Der pH-Wert der wäßrigen Lösung wird dabei durch entsprechende Zugaben von NaOH konstant gehalten. Der Verlauf der Isotherme wird durch den eingangs diskutierten Mechanismus der Fe(III)-Extraktion mit Monokarbonsäuren geprägt. Durch die auftretende Polymerisation der extrahierten Fe-Verbindung steigt der Trennaufwand bei der Abreicherung von kleinen Eisenmengen beträchtlich an (vgl. [28, 29]).

4. Zusammenfassung

Extraktionsgleichgewichte stellen komplizierte Mehrkomponentensysteme von zwei miteinander nicht mischbaren Phasen dar. Eine Vielzahl möglicher Wechselwirkungen sind für die Änderungen im Extraktionsverhalten eines Metallions in einem derartigen System verantwortlich. Am Beispiel der Extraktion von Fe(III) mit n-Caprylsäure wurden die Faktoren diskutiert, die dieses Extraktionsgleichgewicht beeinflussen. Hierbei spielen sowohl Komplexgleichgewichte in der wäßrigen Lösung als auch spezifische Besonderheiten des Extraktionsmittels im Verdünnungsmittel sowie die Zusammensetzung des extrahierten Metallkomplexes in der organischen Phase eine wichtige Rolle. Erst die Kenntnis aller Einflußfaktoren erlaubt die Ausarbeitung optimaler Trennprozesse, die auch im technischen Maßstab den ökonomischen Anforderungen gerecht werden.

Der Einsatz der Extraktionsapparatur AKUFVE ist bei der Aufklärung des Verlaufs von Extraktionsreaktionen und bei der Entwicklung von Extraktionsverfahren in vielen Fällen ein wertvolles Hilfsmittel.

Eingegangen am 21. 12. 1978

Literatur

[1] *Y. Marcus, A. S. Kerles*, Ion Exchange and Solvent Extraction of Metal Complexes, Wiley — Interscience, London 1969
[2] *C. Hanson*, Recent Advances in Liquid-Liquid Extraction, Pergamon Press, Oxford 1971
[3] *P. Markl*, Extraktion und Extraktionschromatographie in der anorganischen Analytik, Akademische Verlagsgesellschaft, Frankfurt/Main 1972
[4] *T. Sekine, Y. Hasegawa*, Solvent Extraction Chemistry: Fundamentals and Applications, Marcel Dekker Inc., New York 1977
[5] Proc. Int. Solvent Extraction Conf. The Hague, Soc. Chem. Ind., London 1971
[6] Proc. Int. Solvent Extraction Conf. Lyon, Soc. Chem. Ind., London 1974
[7] Proc. Int. Solvent Extraction Conf. Toronto 1977
[8] *L. M. Gindin, A. I. Kholkin*, Izv. Sib. Otd. AN SSSR, Ser. Khim. Nauk 1969, No. 2, vyp. 1, 90
[9] *A. I. Kholkin, L. M. Gindin, L. Ja. Savkina, I. Ju. Flejtlich*, Izv. Sib. Otd. AN SSSR, Ser. Khim. Nauk 1971, No. 4, vyp. 2, 65
[10] *A. I. Kholkin, L. M. Gindin*, Izv. Sib. Otd. AN SSSR, Ser. Khim. Nauk 1969, No. 4, vyp. 2, 63
[11] *Ch. L. Kusik, H. P. Meissner*, Int. J. Mineral Processing 2 (1975) 105
[12] *M.-C. Cognet, H. Renon*, Hydrometallurgy 2 (1976/1977) 305
[13] *M. J. Jaycock, A. D. Jones*, Solvent Extraction Chemistry, North Holland, Amsterdam 1967, S. 160
[14] *M. J. Jaycock, A. D. Jones, C. Robinson*, J. inorg. nucl. Chem. **36** (1974) 887
[15] *K. Gloe* et al., Veröffentlichung in Vorbereitung
[16] *J. Rydberg, H. Reinhardt, J. O. Liljenzin*, Ion Exchange and Solvent Extraction, Vol. 3, Marcel Dekker Inc., New York 1973, S. 111
[17] *L. G. Sillen, A. E. Martell*, Stability constants of metal-ion complexes, Chemical Society, London 1964
[18] *P. Mühl, L. M. Gindin, A. I. Kholkin, K. Gloe, K. S. Luboshnikova*, Proc. ISEC Lyon, Soc. Chem. Ind., London 1974, S. 1717
[19] *A. I. Kholkin, L. M. Gindin, K. S. Luboshnikova, P. Mühl, K. Gloe*, J. Radioanal. Chem. **30** (1976) 383
[20] *E. Ludwig, K. Gloe, P. Mühl, E. Uhlemann*, Vortrag IV. Reinststoffsymposium, Dresden 1975
[21] *U. Dinjus, K. Gloe, P. Mühl, E. Uhlig*, Isotopenpraxis **14** (1978) 306
[22] *P. Mühl, K. Gloe, U. Dinjus, E. Uhlig*, Vortrag Allunionskonferenz über Chemie der Extraktion, Novosibirsk 1978
[23] *K. Gloe, P. Mühl, J. Beger, H.-J. Binte*, Vortrag 9. Radiochemische Konferenz, Piestany 1978
[24] *D. S. Flett, D. N. Okuhara, D. R. Spink*, J. inorg. nucl. Chem. **35** (1973) 2471
[25] *R. J. Whewell*, Chem. Ind. 17. Sept. 1977, 755
[26] *J. O. Liljenzin*, Reinststoffprobleme Bd. V, Akademieverlag, Berlin 1977, S. 169
[27] *M. A. Hughes, S. Andersson, C. Forrest*, Int. J. Mineral Processing 2 (1975) 267
[28] *P. Mühl, K. Gloe, C. Fischer, S. Ziegenbalg, H. Hofmann*, Hydrometallurgy, im Druck
[29] *P. Mühl, K. Gloe, H. Scholze, A. I. Kholkin, L. M. Gindin, K. S. Luboshnikova*, Talanta **26** (1979) 227

Untersuchung von Mischvorgängen bei der Herstellung von Kohlenstoff- und SiC-Werkstoffen mit Hilfe der Methodik der radioaktiven Markierung[1])

K. Wagner, F. Brutschin

(AdW der DDR, Zentralinstitut für Organische Chemie, Berlin-Adlershof)[2])

I. Ritter, T. Grätsch, W. Zimmermann, H. Ebert

(VEB Elektrokohle Lichtenberg, Berlin)

Für die Herstellung von Kohlenstoff- und SiC-Werkstoffen ist eine gute Vermischung der festen und flüssigen Komponenten die notwendige Voraussetzung. Da andere Methoden meist zu zeitaufwendig sind, wurden im VEB EKL seit mehr als 10 Jahren Versuchsreihen mit der Methodik der radioaktiven Markierung einer der Mischungskomponenten zur Untersuchung des Mischvorgangs für Maschinen bis zu 2000 kg Füllung angewandt, wobei sich die Fremdmarkierung mit ^{82}Br-Naphthalin als vorteilhaft erwiesen hat. Der Mischungszustand wird durch statistische Auswertung der Radioaktivität von Probenserien, deren γ-Strahlung gemessen wird und deren Masse in Abhängigkeit von der Mischergröße 1 bis 100 g je Probe beträgt, charakterisiert. Zusätzlich wird die Feinverteilung durch Kontaktautoradiographie von ebenen Probenoberflächen, ebenfalls für Probenserien, bestimmt.

(D24) INIS DESCRIPTORS:

autoradiography; binders; bromine 82; carbon; electrodes; graphite; heaters; labelled compounds; mixing; naphthalene; organic bromine compounds; particle size; radioassay; silicon carbides; tracer techniques

1. Einleitung

Kenntnisse über Vermischungs- und Entmischungsprozesse in Mischmaschinen, bei Transportvorgängen und anderen technologischen Prozessen sind in der Industrie häufig zur Beurteilung der Eigenschaften von Zwischen- und Endprodukten notwendig. Richtige Vermischung ist eine Voraussetzung für das Erreichen einer angestrebten Qualität. In vielen Fällen ist die Methodik der radioaktiven Markierung zur Untersuchung solcher Mischvorgänge gut geeignet. Das gilt besonders, wenn der Durchsatz einer Mischungskomponente durch eine Mischmaschine kontinuierlich von außen gemessen werden soll, wenn der Gehalt bestimmter Komponenten in einer großen Zahl von Proben gemessen werden muß oder wenn die Verteilung von Komponenten in Mischungsproben autoradiographisch abgebildet werden kann [1–4].

Bei der Herstellung von Kohlenstoff- und SiC-Werkstoffen, zum Beispiel Elektroden für die Stahl- und Al-Produktion, Elektrobürsten und Si-C-Heizstäben, im VEB Elektrokohle Lichtenberg Berlin (EKL) sind andere Methoden zur Untersuchung von Mischvorgängen meist zu zeitaufwendig, deshalb wurde seit 1964 in Zusammenarbeit mit der Akademie der Wissenschaften der DDR (AdW) die Methodik der radioaktiven Markierung für Versuchsreihen in Mischmaschinen bis zu 2000 l Füllung angewandt [1, 5, 6]. Einige neue Beispiele dieser Untersuchungen sollen hier beschrieben werden.

2. Versuchsmethodik

Die Versuchsmethodik wurde an anderer Stelle ausführlicher beschrieben [1, 5, 6]. Da die Isotope ^{14}C und ^{31}Si der Grundelemente der eingesetzten körnigen und pulvrigen Feststoffe (Ruß, Koks, SiC usw.) sowie der Bindemittel (Teer, Pech, Anthracenöl) für die Markierung bei Industrieversuchen nicht geeignet sind, mußte „Fremdmarkierung" angewandt werden. Hier soll nur über Bindemittelmarkireung mit ^{82}Br-Naphthalin berichtet werden, das wegen seines hohen Siedepunktes von 281 °C und wegen der geringen Verdampfungsgefahr verwendet wurde. Das α-Bromnaphthalin wird neutronenaktiviert und dem Bindemittel zugemischt, in dem es gut löslich ist. Die Konzentration in der Mischung beträgt am Ende des Mischversuches nur etwa 1 ppm, die spezifische Aktivität 0,001 bis 0,5 mCi/kg. Bei $T_{1/2} = 35$ h für ^{82}Br bedeutet das, daß die Freigrenze der spezifischen Aktivität von 0,05 mCi/kg spätestens nach 6 Tagen Abklingdauer erreicht wird. Für das Material sind dann keine weiteren Strahlenschutzmaßnahmen notwendig. Während der Versuche werden die beteiligten Mitarbeiter von EKL und AdW — es sind bis zu 30 Personen — entsprechend den Strahlenschutzbestimmungen der DDR ausgerüstet und überwacht.

Beim Versuch wird die markierte Bindemittelmenge mit anderen festen und flüssigen Komponenten vermischt. Nach bestimmten Mischzeiten bzw. allgemein nach Erreichen bestimmter Stadien der Technologie werden Proben nach statistischen Methoden entnommen, meist 12 Parallelproben. Diese Proben werden zu Tabletten von etwa 1 g oder in Blechdosen zu Proben von ca. 100 g gepreßt, deren Radioaktivität mit einem Szintillationszähler gemessen wird, die 1-g-Tabletten in Verbindung mit einem automatischen γ-Probenwechsler. Die Standardabweichung s der Werte der Radioaktivität/Masse wird für jede Probengruppe berechnet. Die Abnahme von s mit der Mischdauer oder bei anderen technologischen Vorgängen kennzeichnet die Zunahme der Homogenität der Mischung. Für bestimmte Mischungen können Maximalwerte von s als Qualitätsforderung empirisch festgelegt werden.

Während also bei diesen Szintillationsmessungen der Bindemittelgehalt von Proben miteinander verglichen wird, die eine Masse von mindestens 1 g haben, kann mit Hilfe der Kontaktautoradiographie die Inhomogenität auch im mg-Bereich visuell beurteilt werden.

Dabei werden von glatten Oberflächen oder Schnittflächen der Proben, häufig auch von zusätzlichen Proben verschiedener Form, Kontaktautoradiographien mit ORWO-Film AF4 oder

[1]) Vortrag zum RGW-Symposium „Anwendung von Radioisotopenmethoden in der Industrie einschließlich Kontroll- und Steuerungsmittel", Leipzig, 25.–29. 9. 1978

[2]) Anschrift: 1199 Berlin, Rudower Chaussee 5

TF14 hergestellt. Meist muß die bis zum Abklingen zur Verfügung stehende Strahlung weitgehend ausgenützt werden ($3T_{1/2}$ 4,5 d 87,5% der möglichen Strahlendosis). Es wird so die Bindemittel-Matrix-Verteilung für eine Schicht von etwa 0,2 mm Dicke flächenhaft mit einer Auflösung von ca. 0,2 bis 0,02 mm abgebildet.

3. Ergebnisse

3.1. Herstellung von Graphitelektroden

Die Mischungskomponenten wurden in einen 200 l-Knetmischer gegeben, zuletzt das Bindemittel mit dem markierten Anteil von 10 kg Anthracenöl. Nach dem Mischvorgang und bei den folgenden technologischen Schritten wurden Proben von 100 g entnommen, da kleinere Proben auf Grund der Korngrößenverteilung für die Charakterisierung der Vermischung nicht repräsentativ sind.

Tab. 1. Kontrolle der Homogenität der Bindemittelverteilung bei der Herstellung von Graphitelektroden

Versuchsnummer	Nach Mischprozeß	Nach technologischer Zwischenbearbeitung der Masse	Nach Formgebung der Elektroden
	s, %	s, %	s, %
1	0,6	entfällt	0,5
2	0,45	2,6	0,65

Ziel der Messungen war die Beurteilung der Vermischung bis zum Pressen der Elektroden. Tab. 1 zeigt, daß die Vermischung der Komponenten zu einer gleichmäßigen Masse führt. Auch der Wert von $s = 2{,}6\%$ für den bei Versuch 2 durchgeführten technologischen Zwischenschritt entspricht noch guter Vermischung. Da dieser Wert aber signifikant über den anderen liegt, müssen Entmischungsvorgänge oder die Zuführung von Resten inaktiven Materials von vorherigen Produktionschargen als Ursache angenommen werden. Dies näher zu prüfen, war nicht Gegenstand der vorliegenden Untersuchungen.

Der Fehler für alle Bestimmungen von s liegt für diese Versuche bei ±0,5% Bindemittel.

Eine weitere Frage bei diesen Untersuchungen betraf die unerwünschte Kornzerkleinerung. In Abb. 1 werden nebeneinander zwei Autoradiographien gezeigt. Links ist eine zersägte Probe vom Ende des Mischvorgangs, rechts eine Probe nach der Formgebung abgebildet. Das radioaktive Bindemittel zeigt sich durch Schwärzung des Films an. Man sieht, daß die Zahl der hell abgebildeten großen Kokskörner in der rechten Probe geringer ist. Die Auszählung der Körner für eine größere Zahl von Proben ergab, daß bei diesem Produktionsprozeß die Zahl der Körner der Fraktion mit dem größten Korndurchmesser auf

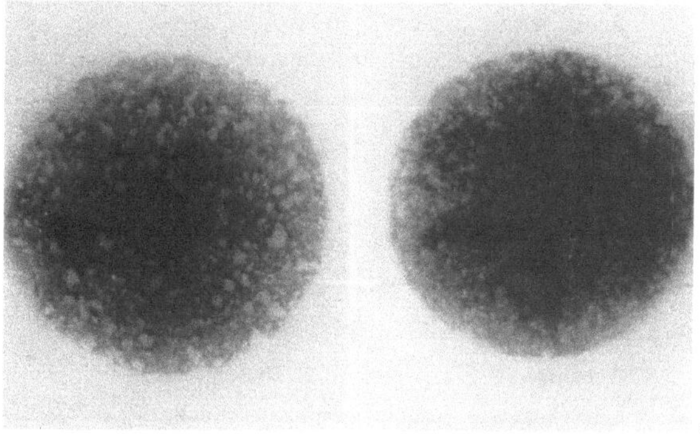

Abb. 1. (natürl. Größe) Autoradiographischer Nachweis der Zerkleinerung großer Kokskörner bei der Herstellung von Graphitelektroden

etwa 40% herabgesetzt wurde. Es wurde also eine merkliche Kornzerkleinerung gefunden.

3.2. Herstellung von SiC-Heizstäben

Auch hierbei wurde das markierte Bindemittel in die Mischmaschine gegeben. Da nur relativ feinkörnige Komponenten vorliegen, wurden für die Messungen Tabletten von 1 g gepreßt. Die Verfolgung des Mischungszustandes (Tab. 2) für den Mischprozeß über einen mehrmaligen Walzprozeß bis zum Strangpressen der SiC-Heizstäbe zeigt, daß eine gute Vermischung erzielt wird. Der Vergleich von zwei Technologien A und B zeigte, daß der Mischvorgang bei der Technologie B schneller verlief. Da für die Technologie B eine kürzere Mischdauer verwendet wurde,

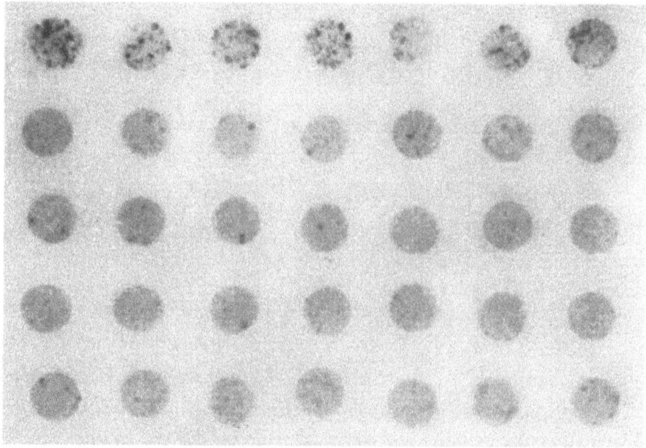

Abb. 2. (natürl. Größe) Autoradiographischer Nachweis der Veränderung der Homogenität von SiC-Material beim Mischvorgang in Abhängigkeit von der Mischdauer (von oben nach unten: 10 min, 20 min, 30 min, 50 min, 65 min)

Tab. 2. Zunahme der Homogenität von SiC-Mischungen beim Durchlaufen verschiedener technologischer Schritte bei der Herstellung von SiC-Heizstäben

Technologie	Standardabweichung s in %							
	Mischmaschine					Mehrfachwalzmühle		Strangpresse
	10 min	20 min	30 min	50 min	65 min	1. Durchgang	2. Durchgang	
A	17,9	7,9	5,4	4,3	2,6	2,5	1,5	0,7
B	4,9	1,7	1,2	—	—	0,9	1,1	0,7

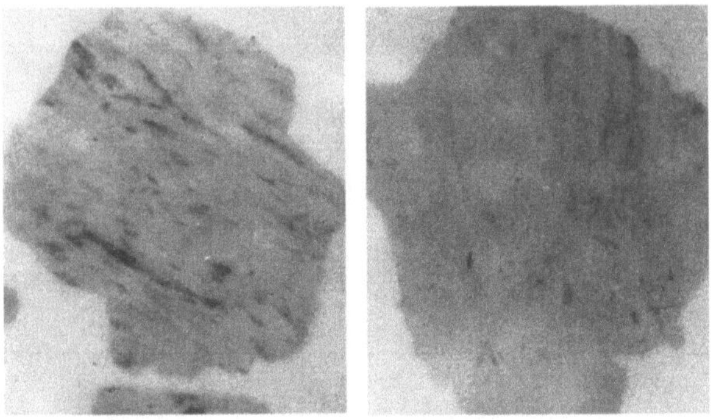

1. Durchgang 2. Durchgang

Abb. 3. (natürl. Größe) Autoradiographischer Nachweis der Veränderung der Homogenität von SiC-Material beim Durchgang durch die Mehrfachwalzmühle

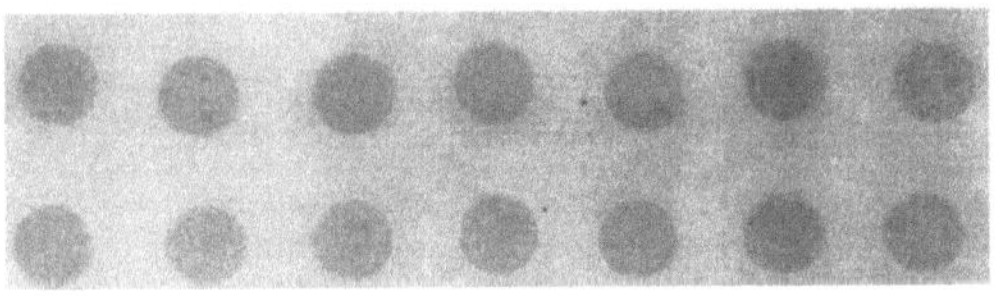

Abb. 4. (natürl. Größe) Autoradiographischer Nachweis der Homogenität des SiC-Materials im stranggepreßten Material

ergibt sich nach der letzten untersuchten technologischen Stufe, der Formgebung, gleicher Mischzustand für beide Technologien.

Autoradiographisch ließ sich nachweisen, daß sich die Feinvermischung beim Mischprozeß mit steigender Mischdauer verbessert (Abb. 2). Beim Walzprozeß (Abb. 3) werden streifenförmige Inhomogenitäten mit Bindemittelüberschuß sichtbar, die mit steigender Zahl der Walzdurchgänge zurückgehen. Nach dem Strangpressen sind dann auch autoradiographisch praktisch keine Inhomogenitäten mehr erkennbar (Abb. 4).

4. Schlußbemerkungen

Diese wenigen Beispiele sollten die Anwendbarkeit der Markierungsmethodik, für die es in diesem Fall keine Alternative gibt, zur Beurteilung von Mischvorgängen bei der Herstellung von Kohlenstoff- und SiC-Werkstoffen zeigen. In anderen Experimenten wurden Möglichkeiten zur Mischzeitverkürzung nachgewiesen, kontinuierlich und diskontinuierlich arbeitende Mischmaschinen erprobt und auch die Vermischung markierter Feststoffkomponenten wie Koks, Ruß und Metallpulver mit Bindemitteln untersucht [1, 4—6].

Wegen ihrer Bedeutung für technologische Untersuchungen bei EKL wurde für diese Versuchsmethodik inzwischen ein Werkstandardentwurf angefertigt, der die Vergleichbarkeit aller zukünftigen Untersuchungen untereinander gewährleisten soll.

Eingegangen am 20. 10. 1978

Literatur

[1] *K. Wagner, R. Müller, R. Lenz, W. Joachim, H. Gaedike*, Technik 22 (1967) 78
[2] *R. Pimper, K. Schwabe, W. Nowak*, Wissenschaftliche Zeitschrift der TU Dresden 20 (1971) 949
[3] *K. Świgoń, J. Michalik*, Isotopenpraxis 7 (1971) 167
[4] *K. Wagner, H. Lucke, F. Brutschin*, Isotopenpraxis 11 (1975) 144
[5] *K. Wagner, J. Legler, R. Müller, W. Huth*, Kernenergie 8 (1965) 185
[6] *K. Wagner, H. Gaedike, R. Müller, R. Lenz, W. Joachim*, Isotopenpraxis 3 (1967) 406; 5 (1969) 338

Zur Autoradiographie mehrerer Komponenten in einer Probe: Bestimmung der Verteilung von ^{24}Na und ^{45}Ca in Silikatbaustoffproben

K. Wagner, H. Lucke, F. Brutschin

(AdW der DDR, Zentralinstitut für Organische Chemie)[1]

Die einfachste Möglichkeit der autoradiographischen Abbildung mehrerer Radionuklide in einer Probe besteht bei genügend unterschiedlichen Halbwertszeiten. Ein Rechenbeispiel zeigt, daß auch bei günstigen Abstufungen der Halbwertszeiten und spezifischen Aktivitäten für praktische Anwendungen nicht mehr als drei Radionuklide ohne gegenseitige Störung nacheinander autoradiographiert werden können. Bei der Untersuchung von Silikatbaustoffproben wurde nach der Neutronenaktivierung erst die Verteilung des ^{24}Na und danach die des ^{45}Ca abgebildet.

(B11) INIS DESCRIPTORS:

autoradiography; beta particles; building materials; calcium 45; calcium oxides; half-life; multi-element analysis; radioactivation; silicon oxides; sodium 24; sodium oxides; spatial distribution

1. Einleitung

Die autoradiographische Abbildung der Verteilung einer radioaktiv markierten Komponente in einem System wurde vielfach beschrieben [1]. In Systemen oder Mischungen aus mehr als zwei Komponenten kann die Bestimmung der Verteilung mehrerer Komponenten von Bedeutung sein und durch radioaktive Mehrfachmarkierung untersucht werden. Während dies bei Einsatz der γ-Spektrometrie als Meßmethode für die Bestimmung mehrerer Radionuklide nebeneinander gut möglich ist, ist die Autoradiographie nur in sehr begrenztem Maß zur getrennten Abbildung verschiedener Radionuklide geeignet. Wegen der übersichtlichen bildhaften Darstellung der Feinverteilung von Komponenten in Proben ist es aber wünschenswert, alle Möglichkeiten dieser Methodik für die genannte Problematik auszuschöpfen.

Ein Weg dazu besteht für Radionuklide mit β-Strahlung genügend unterschiedlicher Energie. Dabei können z. B. durch Kontaktautoradiographie ein harter und ein weicher β-Strahler gemeinsam und nach Einlegen einer Absorberfolie zwischen Probe und Film der harte β-Strahler allein autoradiographiert

[1]) Anschrift: 1199 Berlin, Rudower Chaussee

Tab. 1. Autoradiographie von 3 Komponenten
A (HWZ = 1 h), B (HWZ = 50 h) und C (HWZ = 100 d) nacheinander in einer Probe

Zeit nach Beginn der 1. Autoradiographie	Vorgang	Expositionsdauer	relative Radioaktivität der Komponenten, %		
			A	B	C
0	Start Autoradiographie A	1 min	100	1	0,008
14 h	Start Autoradiographie B	2 h	0,75	100	0,89
30 d	Start Autoradiographie C	14 d	0,00	0,79	100
44 d	Ende				

werden. Dies geht allerdings auf Kosten der Abbildungsschärfe für den Film hinter der Folie.

Bei genügendem Unterschied der Halbwertszeiten kann die Verteilungsbestimmung für die einzelnen Radionuklide bei Mehrfachmarkierung ohne Zwischenfolie erfolgen. Ein Modellbeispiel [2] soll verdeutlichen, daß auf diesem Wege im praktischen Fall zwei, höchstens drei Radionuklide nebeneinander autoradiographiert werden können.

In dem Modell soll zur Vereinfachung angenommen werden, daß drei Komponenten β-Strahler annähernd gleicher Energie sind. Die vierte und evtl. weitere Komponenten sollen nicht radioaktiv sein und durch fehlende Schwärzung auf den entsprechenden Bereichen des Autoradiographiefilms erkannt werden. Das kurzlebigste eingesetzte Radionuklid soll die Halbwertszeit (HWZ) 1 h haben. Die minimale Expositionszeit zur Erzielung scharfer Kontaktauroradiographien sei bei Serienmessungen zu 1 min angenommen. Es soll notwendig sein, daß bei der Bestimmung einer Komponente die Störung durch die anderen höchstens 1 bis 2% der Schwärzung ausmacht. In Tab. 1 ist der Ablauf einer solchen fiktiven Untersuchung dargestellt.

Die Berechnungen zeigen, daß selbst bei der kurzen HWZ des Radionuklids A, die nur in der Nähe einer Aktivierungsquelle (Kernreaktor) und bei sehr kurzer Experimentationszeit ausreicht, für drei Autoradiographien nacheinander insgesamt etwa 6 Wochen notwendig sind. Die kurzlebigste Probe muß bei Versuchsbeginn mit einer spezifischen Aktivität von mindestens etwa 100 μCi/g vorliegen. Zwei Komponenten können aber in vielen praktischen Fällen mit dieser Methode nacheinander autoradiographiert werden, wie im Abschnitt 2 an einem Beispiel gezeigt werden soll.

2. Autoradiographische Untersuchung von Silikatbaustoffen [3, 4]

Über die autoradiographische Untersuchung Ca-haltiger Bindemittel in Silikatbaustoffen wurde bereits früher berichtet [3]. Die Aktivierung erfolgte durch Neutronenbestrahlung der fertigen Baustoffproben. Bei der Herstellung solcher Baustoffe werden in manchen Fällen kleine Mengen von Na-haltigen Bestandteilen zugesetzt, deren Wirksamkeit stark von der Verteilung abhängt. Die Hauptbestandteile der Mischung waren im vorliegenden Fall Quarzsand und CaO. Verunreinigungen der Hauptbestandteile ergeben keine wesentliche Störung für die ^{45}Ca-Autoradiographie von neutronenaktivierten Silikatbetonproben [3]. Die Bestimmung der Verteilung der zugesetzten Natriumverbindungen wird nur durch den Na-Gehalt der Hauptbestandteile gestört, der bei etwa 2 mg/g Baustoff liegt. In Tab. 2 sind die für diese Untersuchungen wichtigen Angaben über die Bildung des ^{45}Ca und des ^{24}Na zusammengesetellt.

Aus der Tabelle geht hervor, daß die Radioaktivität des ^{24}Na bei Bestrahlungsende mehr als 3 Größenordnungen über der des ^{45}Ca liegt. Etwa 10 bis 20 h nach Bestrahlungsende wurde die erste Kontaktautoradiographie von ebenen Flächen der Probe unter Verwendung von ORWO AF4-Film angefertigt. Die Expositionszeit zur Erzielung genügender Schwärzung betrug 2 min.

Nach etwa 14 Tagen (22 HWZ des ^{24}Na) hat sich das Verhältnis der Radioaktivitäten umgekehrt, d. h., jetzt liegt das Verhältnis ^{45}Ca : ^{24}Na ungefähr bei 1000:1. Eine zu dieser Zeit angefertigte zweite Kontaktautoradiographie erhält bei etwa 20 h Expositionsdauer eine ähnliche Schwärzung wie die erste Autoradiographie

Auch bei Schwankungen des Ca/Na-Verhältnisses (ungleichmäßige Vermischung) innerhalb einer Größenordnung im Vergleich zu Tab. 2 ist nach Abschnitt 1 bei dieser Art der Versuchsdurchführung gewährleistet, daß die erste Aufnahme die Verteilung des Natriums wiedergibt und daß die Störung durch das ^{45}Ca weniger als 1% der Schwärzung ausmacht, während die zweite Autoradiographie vom ^{45}Ca herrührt und der restliche Anteil der vom ^{24}Na bewirkten Schwärzung dann ebenfalls unter 1% liegt.

Der ^{47}Ca-Anteil (HWZ 4,7 d) ist unbedeutend. Das Verhältnis der Expositionszeiten für die erste und die zweite Autoradiographie 2:480 ist nicht umgekehrt proportional dem Radioaktivitätsverhältnis ^{24}Na:^{45}Ca. Der Unterschied zwischen den Expositionszeiten ist geringer. Die Ursache dafür liegt im größeren Wirkungsgrad der weicheren Strahlung des ^{45}Ca für den autoradiographischen Effekt.

Beispiele von Autoradiographien

Die Proben lagen in Form von Tabletten (Durchmesser 11 mm) vor, deren Grundflächen autoradiographiert wurden, oder als Bruchstücke größerer Körper mit einer zur Kontaktautoradio-

Tab. 2. Entstehung von ^{24}Na und ^{45}Ca in den untersuchten Silikatbaustoffen bei der Neutronenaktivierung

Element	Anteil im Gemisch mg/g	Radionuklid	HWZ	maximale β-Energie MeV	Radioaktivität in mCi pro g Gemisch bei Aktivierungsende, Fluß $2 \cdot 10^{13}$ n/cm² s Aktivierungsdauer	
					1 h	5 h
Ca	32	^{45}Ca	153 d	0,25	$6{,}7 \cdot 10^{-4}$	$3{,}4 \cdot 10^{-3}$
Na (Zusatz)	6	^{24}Na	15 h	1,39	2,2	10
Na (Verunreinigungen)	2	^{24}Na	15 h	1,39	0,72	3,3

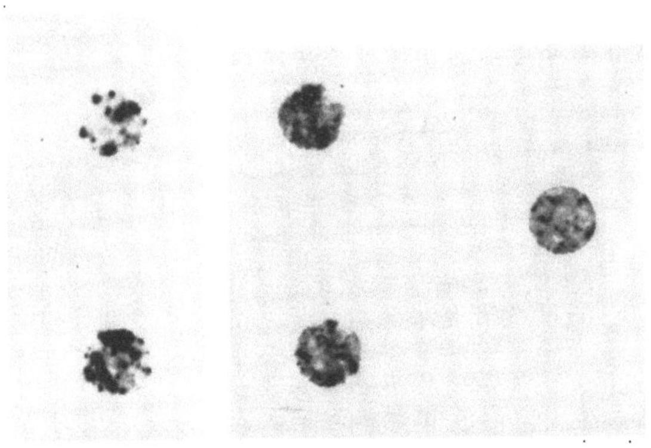

Abb. 1. Autoradiographien von ^{24}Na in Silikatbaustoffproben
links: Na-haltige Verunreinigungen; rechts: zusätzlicher Gehalt an einer Na-Verbindung

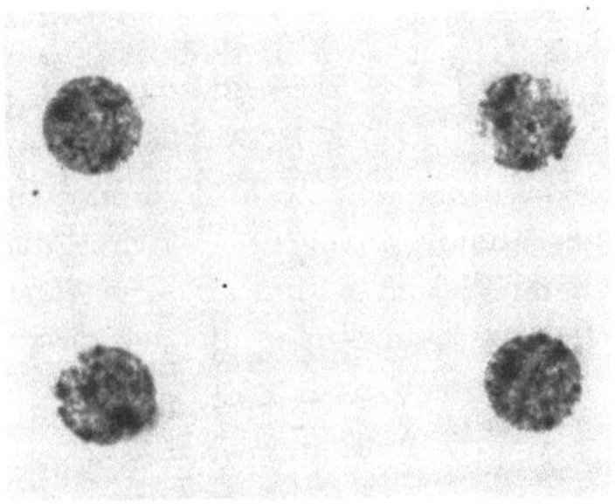

Abb. 2. Autoradiographien von ^{45}Ca in Silikatbaustoffproben nach Abklingen des ^{24}Na

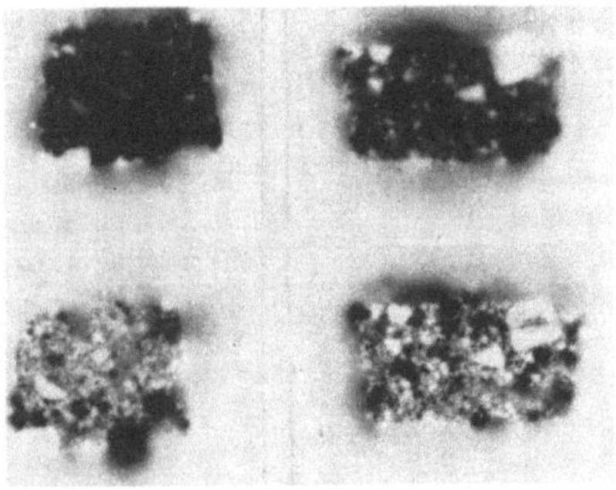

Abb. 3. Autoradiographien von Baustoffproben mit Kalk und Na-haltigen Zusätzen
oben: ^{24}Na-Verteilung; unten: ^{45}Ca-Verteilung für dieselben Flächen nach Abklingen des ^{24}Na

graphie geeigneten gesägten ebenen Fläche. Die hellen Stellen auf den Autoradiographien zeigen Quarzsand an.

In Abb. 1 werden ^{24}Na-Autoradiographien verglichen, von denen die einen von Verunreinigungen der Baustoffkomponenten stammen, während die anderen zusätzlich von einer Na-haltigen Verbindung herrühren, die dem Baustoff zugemischt wurde. Es ist zu erkennen, daß die Gleichmäßigkeit der Na-Verteilung durch den Zusatz erhöht wurde. Abb. 2 zeigt ^{45}Ca-Autoradiographien nach Abklingen des ^{24}Na. Wegen der geringeren Härte der ^{45}Ca-Strahlung im Vergleich zur β-Strahlung des ^{24}Na erhält man für die Ca-Verteilung schärfere Abbildungen als für die Na-Verteilung.

Von besonderem Interesse ist der direkte Vergleich der Verteilung des ^{24}Na mit der des ^{45}Ca innerhalb einer Probe. Dies wird in Abb. 3 für Bruchstücke einer Baustoffplatte dargestellt. Die Bilder zeigen zwar eine unterschiedliche Verteilung des Na und des Ca, an einigen Stellen gehen aber eindeutig hoher Na-Gehalt und hoher Ca-Gehalt parallel. Aus solchen autoradiographischen Untersuchungen kann man auf die Wirkungsweise von Bindemitteln in Baustoffen wichtige Rükkschlüsse ziehen, im vorliegenden Fall z. B. auf das Zusammenwirken des Kalkes und des Na-haltigen Zusatzes bei der Bindung der (z. T. sehr großen) Quarzsandkörner.

3. Schlußbemerkungen

Na und Ca sind im vorliegenden Fall zwei Elemente, deren Verteilung im untersuchten Silikatbaustoff von hohem Einfluß auf die Festigkeit des Baustoffs ist. Die Eigenschaften und Konzentrationen der bei Neutronenbestrahlung dieses Silikatbaustoffes entstehenden Radionuklide ^{24}Na und ^{45}Ca sind zufällig so, daß man ihre Verteilung nach Neutronenaktivierung des fertigen Baustoffs nacheinander autoradiographisch bestimmen kann. Mehr Spielraum zur autoradiographischen Bestimmung der Verteilung von zwei oder gar drei markierten Komponenten besteht dann, wenn man von den betreffenden Elementen die zur Markierung am besten geeigneten Radionuklide und die entsprechenden spezifischen Aktivitäten aussuchen und die Gemische nach der Methodik der radioaktiven Markierung herstellen kann. In diesem Fall, also bei Markierung der Komponenten vor dem Versuch, entfallen auch alle Störungen durch nachträglich mitaktivierte Verunreinigungen oder durch Neutronenaktivierung der Matrix.

Eingegangen am 20. 12. 1978

Literatur

[1] *H. A. Fischer, G. Werner*, Autoradiographie, Berlin: de Gruyter 1971
[2] *K. Wagner*, Vortrag zum IX. Internationalen Symposium Autoradiographie, Hradec Kralove (ČSSR) 1976
[3] *K. Wagner, H. Lucke, F. Brutschin*, Isotopenpraxis **11** (1975) 144
[4] *K. Wagner, H. Lucke, F. Brutschin*, Vortrag zum VIII. Internationalen Symposium Autoradiographie, Visegrad (UVR) 1975

Zum Einsatz radioaktiver Isotope bei Stabilitätsuntersuchungen in der Formulierungstechnik

D. Luther[1], *H.-C. Abendroth*[1], *H. Koch*[1], *K. Dittrich*[2], *F. Frotscher*[2])

([1]) Zentralinstitut für Isotopen- und Strahlenforschung der Akademie der Wissenschaften der DDR; [2]) VEB Chemiekombinat Bitterfeld)

Unter Verwendung der Wirkstoffe Dimethoat und 1-Butylamino-cyclohexan-phosphonsäure-dibutylester werden die Vorteile des Einsatzes radioaktiv markierter Verbindungen bei der Bearbeitung von Themenstellungen der folgenden Art herausgestellt:

- *Lagerfähigkeit des reinen Wirkstoffs und seiner Formulierungen;*
- *Einfluß definierter Verunreinigungen auf die Lagerfähigkeit;*
- *Auswahl geeigneter Trägermaterialien, Lösungsmittel und organischer Verbindungen als chemischer Stabilisatoren für Formulierungen.*

(B12) INIS DESCRIPTORS:

autoradiography; chemical preparation; decomposition; labelled compounds; medium temperature; organic solvents; pesticides; phosphonic acid esters; pH value; phosphorus 32; stability; storage; substrates; sulfur 35; temperature dependence; thin-layer chromatography; thiophosphoric acid esters; tracer techniques; water

1. Einführung

Die Wirtschaftlichkeit des Einsatzes biozider Wirkstoffe wird entscheidend von der Lagerfähigkeit ihrer Formulierungen, deren Temperaturbeständigkeit sowie von der Stabilität des Wirkstoffs gegenüber der möglichen chemischen Einwirkung einzelner Formulierungskomponenten bzw. Verunreinigungen bestimmt.

Die Untersuchung der chemischen Stabilität biozider Wirkstoffe in Abhängigkeit von Einflußgrößen wie Reinheitsgrad, Formulierungszusammensetzung, Behältermaterial, Temperatur und Lagerdauer stellt an die Analytik sehr hohe Anforderungen.

Die allgemeine Forderung an ein verwendetes Analysenverfahren — quantitative Erfassung des Wirkstoffs ohne störende Beeinflussung durch Begleitsubstanzen — stößt in der Formulierungstechnik, insbesondere bei den thermisch relativ instabilen Phosphororganika, auf erhebliche Schwierigkeiten, die jedoch oftmals durch Verwendung isotop markierter Verbindungen überwunden werden können. Bei den nachstehend angegebenen Anwendungsbeispielen für

- die Untersuchung der Lagerfähigkeit des reinen Wirkstoffs und seiner Formulierungen;
- die Untersuchung des Einflusses definierter Verunreinigungen auf die Lagerfähigkeit;
- die Auswahl geeigneter Trägermaterialien für Staub- und Spritzpulverformulierungen;
- die Auswahl geeigneter Lösungsmittel für Flüssigformulierungen und
- die Prüfung der Stabilisatorwirkung ausgewählter organischer Verbindungen

gilt übereinstimmend die folgende allgemeine Arbeitsmethodik.

Den Formulierungsansätzen wird der gereinigte, radioaktiv markierte Wirkstoff bekannter spezifischer Aktivität in homogener Verteilung zugesetzt.

In festgelegten Zeitabständen erfolgt die Entnahme und nachfolgende dünnschicht- oder papierchromatographische Auftrennung von Aliquoten der Untersuchungsprobe. Über die Ermittlung der Aktivitätsverteilung auf den erhaltenen Chromatogrammen wird der Umfang und die Art stattgefundener chemischer Umwandlungen des Wirkstoffs bestimmt. Die Verteilungsmessung selbst erfolgt dabei wahlweise über Scanner-Verfahren, nach der Scrapping-Methode mit anschließender Gel-Szintillationszählung oder über die Auswertung autoradiographischer Aufnahmen.

Die wesentlichsten arbeitstechnischen Voraussetzungen für die skizzierte Durchführung der Untersuchungen sind

- die Auswahl des geeigneten radioaktiven Isotops zur Markierung des Wirkstoffs unter Berücksichtigung von dessen chemischer Konstitution sowie von Versuchsdauer, meß- und strahlenschutztechnischen bzw. ökonomischen Aspekten;
- die Applikation der markierten Verbindung mit einer Gesamtaktivität, die trotz der im Versuchsansatz stattfindenden Verdünnung noch eine statistisch gesicherte Diskriminierung zwischen Blindwert und Meßwert der isolierten Meßprobe garantiert und
- die Verfügbarkeit eines chromatographischen Trennschemas, das eine zweifelsfreie Abtrennung des bioziden Wirkstoffs von seinen radioaktiven Umwandlungsprodukten ermöglicht.

Bei den durchgeführten Stabilitätsuntersuchungen handelt es sich um Untersuchungen an in sich geschlossenen Systemen (frei von Transportvorgängen), bei denen lediglich eventuell auftretende gasförmige bzw. leichtflüchtige Umwandlungsprodukte in die Aktivitätsbilanz einbezogen werden müssen.

Zur Ermittlung der nach der Lagerdauer *t* noch vorhandenen intakten Wirkstoffmenge bedarf es, unter der Voraussetzung des Fehlens von Isotopenaustauschprozessen, nur der Bestimmung des nach *t* auf den Wirkstoff entfallenden prozentualen Aktivitätsanteils. Damit kann die geforderte Mengenbestimmung auf die Messung relativer Aktivitäten zurückgeführt werden.

Die hier vorgestellten Untersuchungen erfolgten unter Verwendung der ^{32}P (bzw. ^{35}S-)-markierten Wirkstoffe 0,0-Dimethyl-S-[N-methylcarbamylmethyl]-dithiophosphat (I, Dimethoat) und 1-Butylamino-cyclohexan-phosphonsäure-dibutylester (II, Trakephon).

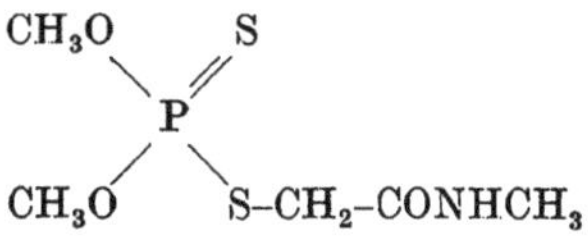

(I)

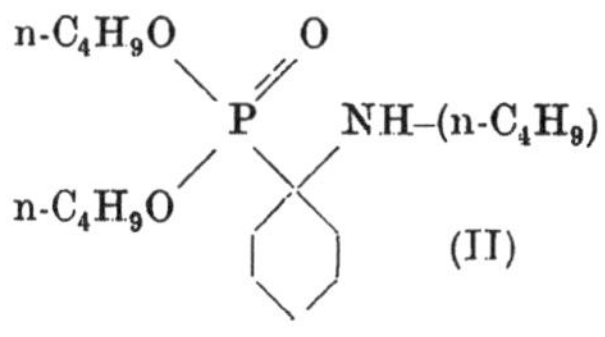

(II)

Anschriften: [1]) 705 Leipzig, Permoserstr. 15; [2]) 44 Bitterfeld

2. Versuche und Ergebnisse

2.1. Untersuchung der Lagerfähigkeit des reinen Wirkstoffs und seiner Formulierungen

Die Beurteilung des Einflusses unterschiedlicher Faktoren auf die Stabilität eines Wirkstoffs wird exakt erst dann möglich, wenn Angaben über die Lagerbeständigkeit der reinen Verbindung vorliegen.

Als Beispiel hierfür werden Ergebnisse angeführt (Tab. 1), die für den dünnschichtchromatographisch gereinigten Wirkstoff Dimethoat (I) bei unterschiedlichen Temperaturen erhalten wurden.

Tab. 1 ist zu entnehmen, daß der reine Wirkstoff nach dreimonatiger Lagerung bei 0 °C und 20 °C noch völlig intakt vorliegt, wogegen er bei 50 °C nahezu vollständige Zersetzung zeigt.

Tab. 1. Lagerbeständigkeit [% unzersetzter Wirkstoff] dünnschichtchromatographisch gereinigten Dimethoats bei verschiedenen Temperaturen

Lagerdauer	Lagertemperatur, °C		
d	0	20	50
17	100,0	100,0	84,4
34	100,0	100,0	75,4
59	100,0	99,0	68,8
94	100,0	100,0	3,9

2.2. Untersuchung des Einflusses definierter Verunreinigungen auf die Lagerfähigkeit

Die Untersuchung des Einflusses eines definierten Wassergehaltes auf die Lagerstabilität von Dimethoat-Kristallen bei $T = 23 \pm 1$ °C wird als Beispiel für Untersuchungen der genannten Art herangezogen.

Eine Zusammenfassung der unter Verwendung von Dimethoat($-^{35}S$) erhaltenen Versuchsergebnissen bringt Tab. 2. Es wird gezeigt, daß Dimethoat-Kristalle unter den gewählten Versuchsbedingungen eine bemerkenswert hohe Stabilität besitzen. Die nach 8 Monaten Lagerdauer vorliegende Konzentrationserniedrigung liegt in allen Fällen unter 3,5%.

Bei Berücksichtigung der üblichen Streubreite von Analysenwerten, die über Aktivitätsverteilungsmessungen erhalten werden, besteht zwischen den Proben unterschiedlichen Wassergehaltes im gewählten Konzentrationsbereich hinsichtlich Stabilität kein signifikanter Unterschied.

Tab. 2. Einfluß des Wassergehaltes auf die Lagerstabilität von Dimethoat-Kristallen bei $T = 23 \pm 1$ °C

Wassergehalt	% unzersetzter Wirkstoff nach einer Lagerdauer von			
%	30 d	65 d	146 d	237 d
0,1	99,5	97,2	95,1	97,2
0,4	100,3	98,7	97,7	96,7
0,8	99,9	98,4	98,7	97,8
1,4	98,7	100,8	99,4	99,7
2,2	100,2	101,1	97,5	98,8

2.3. Auswahl geeigneter Trägermaterialien für Staub- und Spritzpulverformulierungen

Alterungsversuche bei Raumtemperatur ($T = 22$ °C) mit Staub- und Spritzpulverformulierungen des Wirkstoffs Dimethoat ergaben eine deutliche Abhängigkeit der Wirkstoffzersetzung vom *p*H-Wert der jeweiligen Formulierung.

Trägerstoffe, deren wäßrige Suspensionen *p*H-Werte im alkalischen Bereich aufweisen, bewirkten eine relativ schnelle Dimethoat-Zersetzung. Demgegenüber eignen sich Träger, die *p*H-Werte $\leqq 7$ bedingen, gut als Formulierungskomponenten (Tab. 3).

Tab. 3. Testung von Trägerstoffen für Staub- und Spritzpulverformulierungen des Wirkstoffs Dimethoat bei $T = 22$ °C

Formulierungsart	Trägermaterial	*p*H	Lagerdauer d	% unzersetzer Wirkstoff
Staub	Amorphit	3	19	96,0
			111	91,8
	Schiefermehl	7–8	18	95,6
			110	89,7
	Elektrofilterasche	11	20	1,0
Spritzpulver	Amorphit	3	27	97,0
			112	94,9
	Kaolin	6–7	26	95,8
			112	94,7
	Füllstoff LC 71 s	7–8	27	93,7
			112	87,7
	Kieselgur	8	27	94,0
			112	91,0
	Gips	10	16	86,7
			105	82,4
	Betonit	10	27	76,4
			112	41,0

2.4. Auswahl geeigneter Lösungsmittel für Flüssigformulierungen

Als Beispiel wird die Prüfung organischer Lösungsmittel auf ihre Eignung als flüssige Formulierungsmittel bei der Herstellung von Formulierungen des Wirkstoffs 1-Butylamino-cyclohexan-phosphonsäure-dibutylester(II) angegeben.

Tab. 4. Lagerbeständigkeit von 1-Butylamino-cyclohexan-phosphonsäure-dibutylester-Formulierungen bei $T = 35$ °C in Abhängigkeit vom eingesetzten Lösungsmittel

Lösungsmittel	Lagerdauer d	Wirkstoffgehalt der Formulierung [%] zum Zeitpunkt t_0	% unzersetzter Wirkstoff nach angegebener Lagerdauer
Cyclohexan (reinst)	68	85,1	81,4
Schmieröl (R 20)	68	77,1	100,5
Dieselöl (DK 1, Leuna)	68	71,9	102,5
Oktan-diol (techn.)	90	87,7	53,8
n-Butylacetat (reinst)	98	74,0	69,3
n-Butanol (techn.)	100	71,7	55,9
Cyclohexanon (reinst)	100	72,3	80,4
ohne (techn. Wirkstoff ohne Lösungsmittelzusatz)	139	87,7	89,2

Tab. 5. Testung der Stabilisatorwirkung organischer Verbindungen auf eine flüssige Dimethoat-Versuchsformulierung bei $T = 50 \pm 2$ °C

Testverbindung		% unzersetzter Wirkstoff nach einer Lagerdauer von			
Name	Konzentration in % des Wirkstoffgehaltes	10 d	17 d	32 d	68 d
Formulierung ohne Zusatz	—	89,2	86,9	80,7	64,1
Diäthylenglykoldipropyläther	10	89,8	87,8	81,0	69,9
Triäthylphosphat	5	86,7	86,6	80,1	64,6
Trikresylphosphat	5	89,4	87,0	81,0	65,1
Diacetonalkohol	10	88,4	85,5	77,6	46,2
Resorcin	5	88,0	84,2	74,7	39,0

Unter den in Tab. 4 aufgeführten Lösungsmitteln eignen sich nur Schmier- und Dieselöl für Fomulierungszwecke.

Bezogen auf die Lagerbeständigkeit des unverdünnten technischen Wirkstoffs bewirken die übrigen Lösungsmittel dagegen eine eindeutig negative Beeinflussung der Stabilität des Wirkstoffs.

2.5. *Prüfung der Stabilisatorwirkung ausgewählter organischer Verbindungen*

Eine Reihe organischer Verbindungen, die nach Literaturangaben eine stabilisierende Wirkung erwarten lassen, wurde auf ihre Eignung für den Einsatz bei Dimethoat-Versuchsformulierungen untersucht.

Wie die Werte in Tab. 5 zeigen, besitzt unter den getesteten Verbindungen lediglich Diäthylenglykoldipropyläther eine schwach stabilisierende Wirkung. Triäthyl- und Trikresylphosphat verhalten sich indifferent, wogegen Diacetonalkohol und Resorcin abbaubeschleunigend wirken.

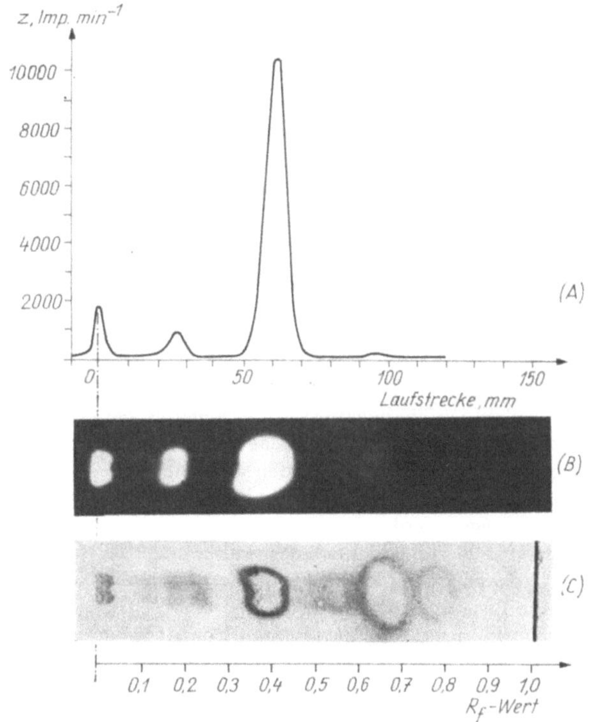

Abb. 1. Dünnschichtchromatogramm einer Dimethoat-Versuchsformulierung unter Zusatz von Diacetonalkohol nach einer Lagerdauer von 17 d bei $T = 50 \pm 2$ °C

Trennbedingungen: aufgetragene Probenmenge: 3 mg; eingesetzte ^{32}P-Aktivität: 0,5 – 1,0 µCi/3 mg Probenmenge; Laufmittel: Aceton/*n*-Hexan 1:1; Adsorbens: Kieselgel *G* (Fa. Merck); Dicke der Plattenbeschichtung: 0,75 mm; Farbreagenz: 0,5 %ige wäßrige $PdCl_2$-Lösung

Abb. 1 zeigt die nach 17 Tagen aufgenommene ^{32}P-Akitvitätsverteilung (A) in einem Versuchsansatz mit Diacetonalkohol, zusammen mit dem Autoradiogramm (B) sowie der Abbildung (C) des entwickelten Dünnschichtchromatogramms.

(A) und (B) lassen deutlich erkennen, daß Dimethoat (I, R_f 0,42) unter den gewählten Bedingungen hauptsächlich in hydrophile Abbauprodukte (Startfleck) und Isodimethoat (III, R_f 0,19—0,20) umgewandetl wird. P=O-Dimethoat (IV, R_f 0,15) und 0,0,0-Trimethylthiophosphat (V, R_f 0,68) entstehen in nur geringer Konzentration

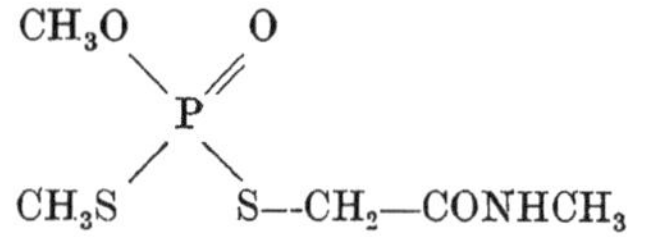

(III)

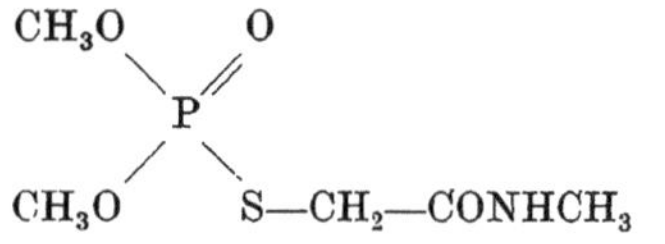

(IV)

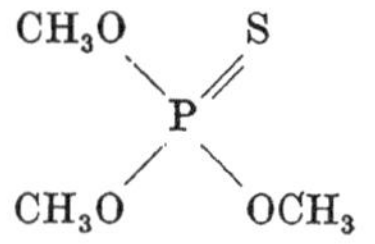

(V)

3. Experimentelles

Die Synthese von Dimethoat (-^{32}P bzw. -^{35}S) erfolgte nach Literaturangaben [1—3] über die Kondensation der aus der Methanolyse von P_4S_{10}(-^{32}P bzw. -^{35}S) erhältlichen 0,0-Dimethyldithiophosphorsäure (K-Salz) mit N-Methylchloracetamid. Die Reinigung des radioaktiv markierten Dimethoats wurde durch präparative Dünnschichtchromatographie auf (20 cm × 20 cm)-Glasplatten, beschichtet mit 2 mm Kieselgel G (Fa. Merck) vorgenommen. Vor ihrer Verwendung wurden die luftgetrockneten Platten 3 h bei 120 °C im Trockenschrank aktiviert.

Auf einer 15 cm langen Startlinie trägt man 750 mg Roh-Dimethoat in Form einer Methylenchlorid-Lösung (1 g/10 ml) auf und chromatographiert 3mal aufsteigend mit Aceton/n-Hexan 1:1 als Laufmittel.

Die Lage der Dimethoat-Zone auf der entwickelten Platte wurde durch Besprühen der äußeren, jeweils 1 cm breiten Plattenränder mit 0,5%iger $PdCl_2$-Lösung angezeigt und die (nichtbesprühte) Dimethoat-Zone anschließend mit einer Saugvorrichtung von der Platte entfernt.

Im *Allihn*schen Rohr mit G4-Fritte ließ sich das Dimethoat mit ca. 40 ml CH_2Cl_2 eluieren. Nach Abdampfen des Lösungsmittels im Vakuum (Wasserbad, 30—40 °C) wurde der Rückstand mit Äther aufgenommen, die ausgefallene Kieselsäure abfiltriert und das Dimethoat mit Trockeneis ausgefroren.

Nach dem Abfiltrieren erfolgte 24stündige Trocknung im Vakuumexsikkator über P_2O_5. Ausbeute: ca. 90% (bezogen auf eingesetzte Rohproduktmenge).

Zur Synthese von 1-Butylamino-cyclohexan-phosphonsäure-dibutylester(-^{32}P) wurde von $^{32}PBr_3$ [4] ausgegangen und dieses zunächst mit n-Butanol zu Di-(n-butyl)-phosphit umgesetzt.

Hierzu werden 6,8 g $^{32}PBr_3$ (25 mMol) in einem mit Magnetrührer und Kühler versehenen Dreihalskolben geeigneter Größe vorgegeben und unter Einleiten von N_2 ein Gemisch aus 5,0 ml n-Butanol (55 nMol) und 0,5 ml Wasser (28 nMol) bei 15–20 °C zugetropft. Anschließend leitet man weitere 30 min N_2 ein und pumpt den gelösten Bromwasserstoff 30 min durch Anlegen eines Ölpumpenvakuums ab. Fraktionierte Destillation (Verwendung eines Ölbades) liefert den Di-(n-butyl)-ester bei Kp_{15} 126–127 °C (Kp_8 87–90 °C); Ausbeute: 1,8 g (9,2 mMol), d. s. 30% d. Th. (bezogen auf eingesetzten Phosphor).

Zur Gewinnung des Wirkstoffs erfolgt die weitere Umsetzung des Di(n-butyl)-phosphits mit N-Cyclohexyliden-butylamin (Molverhältnis 1:1,1).

In einem mit Magnetrührer, Tropftrichter und Thermometer ausgerüsteten Dreihalskolben geeigneter Größe werden 1,53 g N-Cyclohexyliden-butylamin (10,2 mMol) eingebracht, auf 50–55 °C erwärmt und bei dieser Temperatur unter Rühren innerhalb 1 h 1,8 g Di-(n-butyl)-phosphit zugetropft. Nach beendeter Phosphit-Zugabe wird weitere 2 h bei 50–55 °C gerührt.

Der erhaltene rohe 1-Butylamino-cyclohexan-phosphonsäure-dibutylester(-^{32}P) kann über präparative Dünnschichtchromatographie, ähnlich wie oben beschrieben, gereinigt werden. Aufgetragene Menge pro Platte: 100 mg; Laufmittel: Chloroform/Methanol 19:1 oder Tetrachlorkohlenstoff/Äther/Isopropanol 18:12:1; Elutionsmittel: Aceton; Farbreagenz: 2,6-Dichlorchinonchlorimid (0,5% in Cyclohexanon).

Eingegangen am 8. 12. 1978

Literatur

[1] *R. B. March, T. R. Fukuto, R. L. Metcalf, M. G. Maxon*, J. Econ. Ent. **49** (1956) 185

[2] *U. E. Brady* jr., *W. B. Arthur*, J. Econ. Ent. **56** (1963) 477

[3] *W. Dedek, R. Grahl*, Isotopenpraxis **9** (1973) 295

[4] *W. Dedek*, Isotopentechnik **1** (1960/61) 196

Untersuchung der tribologischen Eigenschaften von Nutzfahrzeugmotoren unter besonderer Berücksichtigung der Luftfiltration

J. Fodor

(Forschungsinstitut für Automobilbau (AUTOKUT))[1]

G. Kolimár

(Industrietrust für Kraftfahrzeuginstandhaltung (AFIT))

Es wurde eine unter Betriebsverhältnissen anwendbare Prüfmethode für die Bestimmung der Verschleißeigenschaften von Verbrennungsmotoren mit Hilfe der Gammaspektrometrie der neutronenaktivierten Verschleißprodukte ausgearbeitet und die die Lebensdauer begrenzende Wirkung des abrasiven Verschleißes festgestellt. Durch Verbesserung der Luftfilterung konnte die potentielle Lebensdauer der Motoren gut angenähert, und es konnten die Verunreinigung des Schmieröls vermindert und die Dauer der Ölwechselperiode verdoppelt werden.

(D22) INIS DESCRIPTORS:

abrasion; abrasives; air filters; Diesel motors; dusts; filtration; iron; lubricating oils; mechanical filters; motors; neutron activation analysis; vehicles

Einleitung

Bei der Herstellung von Verbrennungsmotoren ist man bestrebt, das Enderzeugnis sowohl in bezug auf die Herstellungskosten als auch auf die technischen Parameter im Vergleich zu ähnlichen Erzeugnissen wettbewerbsfähig zu gestalten. Die Bestrebungen nach Senkung der Herstellungskosten und nach Steigerung des technischen Niveaus sind oft widersprüchlich. Die Hersteller geben im allgemeinen bei den technischen Parametern keine Kennziffern an, die sich auf die Lebensdauer und die Zuverlässigkeit des Produktes beziehen. Die Hersteller achten selten auf die Betriebskosten, und es kommt auch vor, daß sie, um die Qualitätscharakteristiken des eigenen Produktes zu erhalten, Mehrkosten auf die Betriebskosten abwälzen. Als Beispiel können die vorgeschriebenen kurzen Ölwechselperioden in solchen Fällen genannt werden, in denen das Schmieröl aufgrund seiner Qualität für eine viel größere Nutzungsdauer geeignet wäre. Da heutzutage die hochwertigen Schmieröle bei einer entsprechenden Filtration das Mehrfache der von den Herstellern angegebenen Nutzungsdauer leisten können, ist es offensichtlich, daß diese Kosten von den Betreibern der Motoren bzw. von uns allen getragen werden.

Ursache dieses Widerspruches waren lange Zeit die begrenzten Trennungs- und Meßmöglichkeiten für zahlreiche Faktoren, die die Lebensdauer des Motors beeinflussen. Ein zuverlässiges Ergebnis war nur mit einer Vielzahl von statistischen Versuchsdaten zu erreichen. Diese Experimente haben sich aber als sehr kostspielig erwiesen.

Die Entwicklung der Wissenschaft ermöglicht es heute schon, daß die im Verschleißprozeß der Verbrennungsmotoren gemeinsam wirkenden tribologischen Faktoren auch einzeln ausgewertet bzw. wenigstens nach ihrer Größenordnung eingereiht werden können. Die Verschleißprozesse und die Änderungen der Verschleißgeschwindigkeit können mit Hilfe der spektrometrischen, ferrographischen und der kerntechnischen Methoden mit

[1]) Anschrift: Naphegy Tér. 5b, H-1016 Budapest, Ungarn

großer Genauigkeit verfolgt werden. In unserer Praxis steht die Anwendung der kerntechnischen Methoden im Vordergrund.

1. Zu den tribologischen Untersuchungen an Nutzfahrzeugmotoren und anderen Maschineneinheiten

Unserer Ansicht nach hängt die Verschleißgeschwindigkeit neben dem fertigungstechnologischen Niveau des Motors, den Umständen der Inbetriebhaltung und den Eigenschaften des verwendeten Kraftstoffes und des Schmieröls in einem solchen *offenen tribologischen System* wie dem Verbrennungsmotor der Fahrzeuge in bedeutendem Maße von der Qualität der Luft bzw. von den inneren abrasiven Verhältnissen ab [1, 2]. Das Maß der Verunreinigung der Luft mit abrasiven Stoffen bzw. die Schnelligkeit und der Wirkungsgrad der Entfernung jener Verschleißprodukte, die das Motorenöl verschmutzen, spielen in Hinsicht auf die Lebensdauer und die Zuverlässigkeit eine erstrangige Rolle. Nach den Erfahrungen der Autoren legt die Herstellerindustrie den Akzent bei der Ausgestaltung der Armaturen, die den Motor vor Verschleiß schützen, mehr auf die Ölfilter-Systeme und weniger auf die Luftfilter-Systeme. Die Instandhaltung der Luftfiltersysteme wird oft auch von den Betreibern nicht mit der erforderlichen Sorgfalt durchgeführt.

Selbstverständlich bietet sich bei solchen Konstruktionen, die als *geschlossenes tribologisches System* betrachtet werden können — z. B. Wechselgetriebe —, im Hinblick auf die Steigerung der Lebensdauer nur die ständige Filtration und die Entfernung der ins Schmieröl geratenen Verschleißprodukte an.

Die wissenschaftlichen bzw. Laboruntersuchungen der tribologischen Systeme können sowohl bei der Gestaltung der Ersatzteile und der Maschineneinheiten als auch bei der Erstellung der vom Herstellerwerk angegebenen technischen Angaben für Verbrennungsmotoren mit wertvollen Daten dienen. Bei der Beurteilung der Lebensdauer und der Zuverlässigkeit der Inbetriebhaltung spielen menschliche Faktoren eine immer größere Rolle. Die objektiven Bedingungen des Kraftfahrzeugbetriebes und veränderte Einwirkungen der physikalischen Umwelt können bis zu einer Größe ansteigen, die durch die Konstruktion nicht berücksichtigt wurde bzw. nicht berücksichtigt werden konnte. Deshalb können die unter Betriebsbedingungen durchgeführten Verschleißuntersuchungen, die den Prüfstanduntersuchungen der Fahzreugmotoren und anderer Maschineneinheiten folgen, eine zuverlässige Information darüber liefern, inwieweit die geplante Lebensdauer durch das tribologische System realisiert wird und welche begrenzenden Faktoren im Laufe der Inbetriebhaltung auftreten, und eventuell darüber, welche tribologischen Anomalien vorkommen. Deshalb sind die wissenschaftlich gewählten und sorgfältig organisierten Verschleißuntersuchungen bei der Inbetriebhaltung für die Verbesserung der Lebensdauer und der Zuverlässigkeit ebenso unentbehrlich wie die Untersuchungen im Laboratorium und am Prüfstand; beide vervollständigen sich gegenseitig.

2. Untersuchungsmethoden

Unseren Erfahrungen nach müssen die Laboruntersuchungen der Qualitätsbeurteilung von Luftfilter- und Ölfilter-Systemen unbedingt vor den unter Betriebsbedingungen durchzuführenden Verschleißuntersuchungen der Verbrennungsmotoren vorgenommen werden.

2.1. Untersuchung des Luftfilters

Für die Untersuchung der Luftfilter wurde statt der als Standardmethode empfohlenen Normen SAE J-726 und GOST 8002-62 eine Untersuchungsmethode mit Radioistopen auf der Basis des Zusammenhanges zwischen der Qualität des Luftfilters, der Staubkonzentration in der Luft und dem abrasiven Verschleiß des Motors [3] ausgearbeitet. Der Filtrationswirkungsgrad des Luftfilters ist

$$\eta_{\%} = \left(1 - \frac{b}{a}\right) 100$$

a = die Gesamtmenge Staub, die in das Luftfilter gelangt.
b = die durch den Luftfilter in den Motor gelangte Staubmenge (berechnet aus dem abrasiven Verschleiß).

Die in das Luftfilter gelangte Staubmenge kann am einfachsten bestimmt werden, indem eine bestimmte Menge Staub mit dem Dosierapparat BS 1701, 1970 auf den im Bremssaal laufenden Motor dosiert wird. Die in den Motor geratene Staubmenge kann mit Hilfe des von ihr verursachten Verschleißes bestimmt werden, indem man direkt in die Luftsaugöffnung Staub dosiert, dessen Menge und Qualität bekannt ist, und die dazu gehörenden Verschleißmengen mißt.

Die Angaben zur Qualitätsbeurteilung bei den Untersuchungen werden so gewählt, daß der Wert des Basisverschleißes durch den abrasiven Verschleiß geändert wird. Aufgrund der kalibrierten Verschleißwerte kann der Wert des Wirkungsgrades des Luftfilters vom Graphikon abgelesen werden.

2.2. Untersuchung des Ölfilters

Neben der Erfüllung seiner Schmieraufgabe bringt das Motorenöl zwischen die Reibungspaare auch verschmutzende Stoffe, die teils aus der Luft, teils durch Verschleiß von mechanischen Stoffen des Motors in den Motor gelangen. Alle diese Stoffe wirken abrasiv und erhöhen den Verschleiß. Aufgabe der Ölfiltration ist es:

- vom Schmieröl die abrasiven Stoffe möglichst in vollem Umfang zu entfernen;
- Die Entfernung der abrasiven Stoffe soll schneller gehen als ihre Entstehung durch Verschleiß und schneller als die Eindringgeschwindigkeit der abrasiven Stoffe aus der Luft in den Motor und als die Geschwindigkeit des von ihnen verursachten Verschleißes;
- Das Ölfilter soll in der Lage sein, seine Aufgabe in der Periode zwischen zwei Ölwechseln zu erfüllen;
- Das Ölfilter-System soll während der gesamten Lebensdauer des Motors betriebsfähig sein.

Für die Untersuchung des Filtrationswirkungsgrades und der Durchlässigkeit von Ölfiltern wird eine Methode mit Radioisotopen angewendet, bei der die Untersuchungszeit im Vergleich zur Norm-Untersuchungsmethode bedeutend kürzer und die Meßgenauigkeit viel größer sind. Die Untersuchungsergebnisse werden aufgrund des Öldruckes vor dem Filter (kp/cm²) der Durchlässigkeit (l/min.) und des Wirkungsgrades (%) ausgewertet.

Aus den Laborergebnissen der Ölfiltration kann festgestellt werden, ob die Ölfiltration und das Filtersystem gut funktionieren, ob es für große Belastungen geeignet ist. Die Geschwindigkeit und der Wirkungsgrad der Filtration sollen so sein, daß das Verhältnis zwischen der Menge des Verschleißprodukts auf dem Filter und des Verschmutzungsstoffs im Motorölgesamtvolumen etwa 99% wird.

2.3. Betriebliche Verschleißuntersuchungen an Verbrennungsmotoren mit der Aktivierungsanalyse

Für die Bestimmung der Lebensdauer kann der Untersuchungsablauf aus prinzipiellen Gründen und aus wirtschaftlichen Erwägungen i. allg. nicht bis zur Lebensdauergrenze ausgedehnt werden. Als zweckmäßig kann eine solche Untersuchungsmethode betrachtet werden, bei der die Einschätzung (Prognostizierung) der zu erwartenden Lebensdauer aus Verschleißangaben, die nach einem relativ kurzen Lauf erhalten werden, zuverlässig bestimmt werden kann. Dazu ist die genaue Kenntnis der auf kurzen Strecken wirkenden Verschleißparameter und, für die Bestimmung des Verschleißes, eine Methode mit großer Genauigkeit notwendig. Für die Lösung dieser Aufgaben wurde die Neutronen-Aktivierungsanalyse als geeignet gefunden. Man muß aber hinzufügen, daß auch beliebige andere Methoden geeignet sein können, die eine ähnliche Genauigkeit der Messungen sichern.

Die Untersuchungsmethode muß in der Lage sein, den schnellen Änderungen des Verschleißprozesses zu folgen und die Verschleißgeschwindigkeit mit der nötigen Empfindlichkeit zu bestimmen. Unter Berücksichtigung dessen, daß in einem System die Geschwindigkeit eine Größenordnung von einigen µg/h hat, muß die Methode also eine Empfindlichkeit von mindestens Fe $= 10^{-6}$ g haben, sie muß unter Betriebsbedingungen anwendbar sein und möglichst eine volle Verschleißbilanz geben.

Im sogenannten geschlossenen tribologischen System, das keine Filtration hat, wird mit unserer Methode die Menge jener Verschleißprodukte und „fremden Stoffe", die ins Schmieröl geraten sind, aus der Schmierölprobe durch Ausfilterung des Feststoffinhaltes des Schmieröles bestimmt. Nachdem der ausgefilterte Stoff verascht wurde, bekommt man aus dieser Asche mit Hilfe der Neutronenaktivierung eine Radiositopen-Mischung.

Ähnlich wird auch bei den Verbrennungsmotoren vorgegangen, die man als offenes tribologisches System charakterisieren kann, weil sie im allgemeinen eine Ölfiltration haben. Durch Verbrennung des ganzen oder eines Teils des auf dem Ölfilter befindlichen Verschleißproduktes und der fremden Stoffe und durch die darauf folgende Neutronenaktivierung wird die Menge der Verschleißprodukte und der fremden Stoffe bestimmt.

Die gefertigten Verschleißproben werden dann zusammen mit den Proben der Konstruktionswerkstoffe im Neutronenfluß des Kernreaktors aktiviert. In den aktivierten Proben entstehen Radioisotope der Komponenten und aus dieser radioaktiven Mischung folgt dann die Einmessung der Proben auf der analytischen Waage für die Durchführung der γ-spektrometrischen Analyse.

Neben der Bearbeitung des auf dem Filter befindlichen Stoffes — auch im Falle einer ausgezeichneten Ölfiltration — ist es zweckmäßig, eine parallele Bestimmung der Ölprobe, die der Motorwanne entnommen wurde, durchzuführen, damit man sich von der entsprechenden Funktion des Ölfiltersystems überzeugt. Es kann auch vorkommen, daß die gemessene aktuelle Verschleißkonzentration der von der Motorwanne entnommenen Ölprobe — infolge einer Verschleißkatastrophe — höher ist, als sie aufgrund des Wirkungsgrads des Ölfiltersystems zu erwarten wäre, weil dann die volle Auswirkung der Verschleißkatastrophe auf dem Filter durch die Geschwindigkeit des Filtrationsprozesses um eine oder mehrere Stunden verzögert werden kann.

Der Meßkopf der bei der gammaspektrometrischen Analyse angewendeten Meßapparatur ist ein Ge(Li)-Halbleiterdetektor mit 3 keV Auflösung bei der 1,3-MeV-Energie des ^{60}Co. Die Meßapparatur ist ein von einem PDP 8/F-Rechner gesteuerter Mehrkanalanalysator mit der notwendigen Peripherie. Sie ermöglicht es, 10^{-8} g Fe zu bestimmen. So können die Verschleißmengen 10^{-7} bis 10^{-6} g Fe sicher gemessen werden. Die Meßergebnisse können mit Hilfe des Rechners weiter aufgearbeitet werden. Um die Meßergebnisse in Gramm zahlenmäßig auszudrücken, werden als Eichobjekt die zusammen mit den Verschleißproben bestrahlten Konstruktionswerkstoffproben benutzt.

Die Untersuchungsmethode wird in Abb. 1 als Blockbild dargestellt. Die Methode ermöglicht die Bestimmung der meisten Konstruktionswerkstoffe, so z. B. Fe, Cu, Cr, W, Zw, Sb, Sw. Es kann aber auch die Menge der Öladditive aufgrund der Ele-

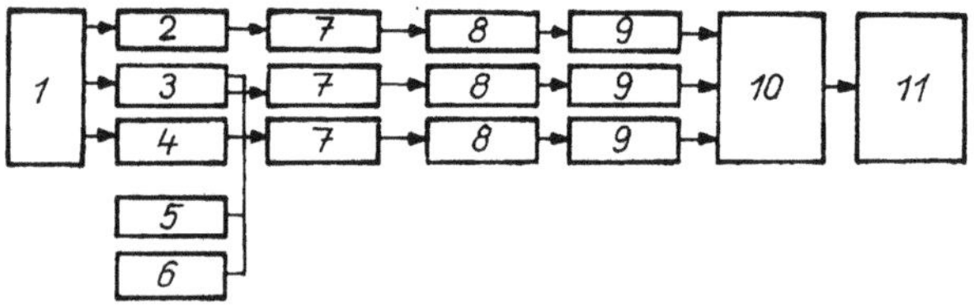

Abb. 1. Arbeitsschema der Neutronenaktivierungs-Gammaspektrometrischen Verschleißuntersuchungen von offenen tribologischen Systemen

1 — Normalbetrieb; 2 — Ölprobenasche; 3 — Ölfilterasche; 4 — Werkstoffprobe; 5 — Daten des Ölfilters; 6 — Daten des Luftfilters; 7 — Aktivierung im Neutronenstrom; 8 — Analytische Wägung; 9 — Gammaspektrometrische Analyse; 10 — Vergleichende Verschleißmessung, Auswertung; 11 — Datenspeicherung

Abb. 2. Rechnergesteuerter Mehrkanalanalysator des Typs PDP-8/F

mente Be, Zn und Ca bestimmt werden. Die Empfindlichkeit der Bestimmung von Fe — das als ein repräsentatives Element des Verschleißes betrachtet wird — ist nach den vorhandenen Aktivierungs- und Meßmöglichkeiten 10^{-7} g. Der als Mehrkanalanalysator dienende Rechner kann die gemessenen Werte auch auswerten (Abb. 2).

3. Auswertung der an Nutzfahrzeugmotoren durchgeführten betrieblichen Verschleißuntersuchungen und Untersuchungsergebnisse

Die beschriebene Neutronenaktivierungsmethode wird anhand der Untersuchung der Verschleißeigenschaften von zwei Motorentypen dargestellt. Die mit „H" bezeichneten Dieselmotoren sind in Omnibussen und die mit „K" bezeichneten Otto-Motoren in Lastkraftwagen eingebaut. Die maximale Leistung der mit „H" bezeichneten sechszylindrischen Viertakt-Dieselmotoren, die eine direkte Einspritzung haben, beträgt 141 kW/2100 U pro min, und das Drehmoment ist 696 N/1300 U/min. Die mit „K" bezeichneten Viertakt-Otto-Motoren haben acht Zylinder und eine V-Bauart, ihre maximale Leistung beträgt 125 kW/3600 U pro min, das Drehmoment ist 402 N/1800 U/min.

Beide Motoren sind mit einer Hauptström-Ölfilterung ausgeführt, deren Wirkungsgrad etwa 98% beträgt. Der Luftfilterwirkungsgrad beträgt bei den „H"-Motoren 98,5% und bei den „K"-Motoren 85%. Bei den „H"-Motoren wurde die Messung auch unter Verwendung eines Luftfilters mit einem Wirkungsgrad von 99,7% durchgeführt. Aus den Untersuchungen der beschriebenen Motoren wurde eine Verschleißbilanz angefertigt mit Angabe des Fe-Gehaltes, der für den Verschleiß der Bauteilwerkstoffe charakteristisch ist, sowie mit Angabe des Feststoffgehalts des Schmieröls, in Verbindung mit einem Ölwechselintervall von 10000 km bei den „H"-Motoren und von 5000 km bei den „K"-Motoren. Der Vergleich kann zwar nicht zahlenmäßig angegeben werden, aber die typischen und gemeinsamen Eigenschaften lassen sich bestimmen.

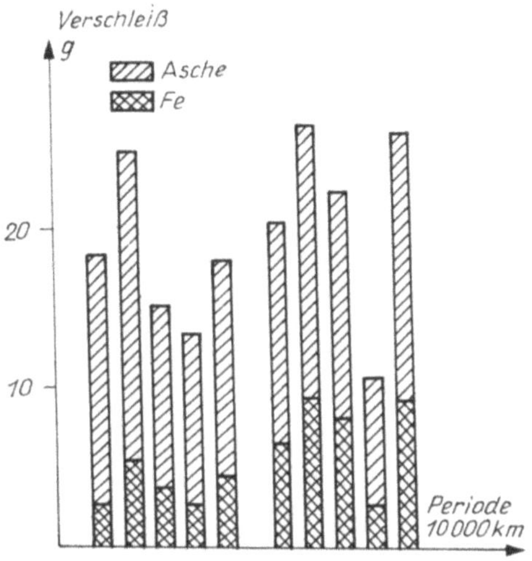

Abb. 3. Verschleißwerte des „H"-Motors mit 98 % Luftfilterwirkungsgrad

Die Versuchsergebnisse der „H"-Motoren sind für einen 50000 km-Lauf von zwei Motoren in Abb. 3 dargestellt. Nach dem Diagramm sind für gleiche Versuchsstrecken die Fe- und Fremdstoffgehalte abweichend. Die gemessenen Mengen waren bei Fe zwischen 2,7—9,6 g, und bei Fremdstoffen 8—19,5 g.

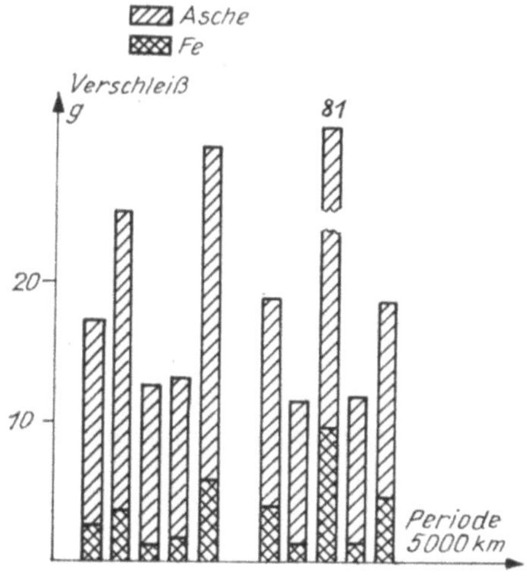

Abb. 4. Verschleißwerte des „K"-Motors mit 85 % Luftfilterwirkungsgrad

Die Versuchsergebnisse von zwei „K"-Motoren zeigt Abb. 4. Die Streuung ist hier noch ausgeprägter; bei Fe 2—9,8 g, bei Fremdstoffen zwischen 10—81 g.

Die Versuchsergebnisse von zwei Motoren sind in Abb. 5 dargestellt. Die Verschleißbilanz ist verhältnismäßig homogen: Die Streuung bei Fe 1,9—3 g, bei Fremdstoffen 4,7—8,6 g.

Aufgrund der Auswertung der Versuchsergebnisse kann der Zusammenhang zwischen dem Luftfilterwirkungsgrad und der

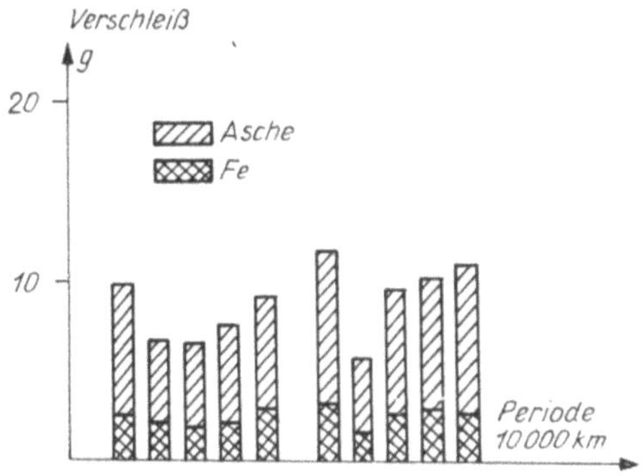

Abb. 5. Verschleißwerte des „H"-Motors mit 99,7 % Luftfilterwirkungsgrad

Streuung der Angaben der Motor-Verschleißbilanz eindeutig ermittelt werden. Die Luftfiltration mit einem Wirkungsgrad von 99,7% homogenisiert die Verschleißwerte und gewährt im Betrieb auch bei einer Staubkonzentration von 10^{-2} bis 10^{-3} g/m³, gemessen am Saugstutzen, einen guten Schutz gegenüber Fremdstoffen mit abrasiver Wirkung aus der Luft. Nach unseren Untersuchungen ist ein Teil der Fremdstoffe SiO_2 mit einer HB-Härte von 800. Zu Überlegungen gibt aber die Tatsache Anlaß, daß auch bei einer Luftfilterung mit der erwähnten guten Qualität im Feststoffgehalt des Schmieröls die nicht aus den Konstruktionswerkstoffen stammenden Stoffe ca. 70% der Gesamtmenge darstellen. Eine weitere Aufgabe ist es festzustellen, inwieweit daran die mit dem Schmieröl und dem Kraftstoff eingebrachte Verschmutzung beteiligt ist.

Bei dem „H"-Motor entspricht die dem Ölwechselintervall von 200 Stunden zugeordnete Verschleißmenge der Bauteile annähernd der Verschleißmenge, die an demselben Motor unter Prüfstandsbedingungen gemessen wurde, für Fe — 0,012 g/h — und 2,4 g/h bei Extrapolation für eine Fahrzeuggeschwindigkeit von 50 km/h.

Wenn man den niedrigsten gemessenen Verschleißwert als den für die potentielle Lebensdauer charakteristischen Verschleiß betrachtet, ist bei der Luftfilterung der „H"-Motoren mit einem Wirkungsgrad von 98,5% und der „K"-Motoren mit 85% anzunehmen, daß die aufgrund des fertigungstechnologischen Niveaus der Motorbauteile mögliche Lebensdauer nicht einmal annähernd ausgenutzt wird, und zwar infolge der Luftfilterung, deren Qualität für die unter Betriebsbedingungen auftretenden Staubkonzentrationen unzureichend ist.

4. Zusammenfassung

Die auf der Grundlage der Neutronenaktivierung von Verschleißteilchen ausgearbeitete Methode erwies sich unter Betriebsbedingungen als geeignet für die Untersuchung tribologischer Parameter von Verbrennungsmotoren. Es konnte auf die Verschleißeigenschaften von Nutzfahrzeugmotoren verschiedener Typen und verschiedener Produktion bzw. auf die Rolle der äußeren Faktoren, die die Verschleißwerte beeinflussen, geschlossen werden. Die lebensdauervermindernde Rolle der äußeren Faktoren und die Maßnahmen zur Annäherung an die potentielle Lebensdauer können anhand des konstruktions- und fertigungstechnischen Niveaus der Motoren nachgewiesen werden.

Im Verlaufe der Untersuchungen der tribologischen Eigenschaften von Nutzfahrzeugmotoren wurden mehrere solche Schlußfolgerungen gezogen, die mit dem Charakter einer Arbeitshypothese eine Grundlage sowohl für die Aufnahme und Orientierung weiterer wissenschaftlicher Forschungsthemen als auch für die Vervollkommnung der untersuchten Motorkonstruktionen bilden können.

Eine dringende Aufgabe ist es, die Standard-Prüfmethoden, die sich auf die in Verbrennungsmotoren verwendeten Luft- und Ölfilter beziehen, zu modernisieren und zu vereinheitlichen. Die Empfindlichkeit und die Meßgenauigkeit der früheren Prüfmethoden müssen um mehrere Größenordnungen erhöht und die Meßdauer bedeutend verkürzt werden.

Die Fahrzeugindustrie muß viel mehr als bisher für das Luftfiltersystem der Verbrennungsmotoren sorgen, und zwar im Hinblick auf eine vollkommenere strömungstechnische Ausgestaltung der Konstruktion, auf die Senkung der Instandhaltungszeit, die zur Reinigung und zum Wechsel der Luftfilterelemente nötig sind, bzw. auf die Verbesserung der Qualität der Filterelemente. Die Ölspiegel-Luftfilter-Systeme haben sich in der Praxis der ungarischen Verkehrsbetriebe nicht bewährt. Ihre Effektivität kann nicht mit wechselbaren Luftfiltereinsätzen verglichen werden. Wenn man den Ölspiegel-Luftfilter durch entsprechend bemessene Luftfilter mit Papiereinsatz ersetzt, wird davon — im Falle von Nutzungsfahrzeug-Dieselmotoren großer Leistung — der Verbrennungsprozeß des Kraftstoffes günstig beeinflußt (spezifischer Verbrauch, Rauchbildung).

Die Verschleißuntersuchung mit Neutronenaktivierung kann in der Endkontrolle der Kraftfahrzeugindustrie für die Ermittlung fehlerhafter Motoren und anderer Bauteile, und in den Verkehrs-Großbetrieben für die Voraussage größerer Schäden an Motoren bzw. für die im planmäßigen Instandhaltungssystem organisierte Vorbeugung erfolgreich angewendet werden.

Bei jenen Nutzfahrzeugmotoren, die in einem guten technischen Zustand sind (die auch die entsprechende Kompression haben), und bei denen der Wirkungsgrad des Ölfiltersystems über 98% und der Wirkungsgrad des Luftfiltersystems über 99% liegen, kann das Wechselintervall des Motorenöles im Vergleich zur heutigen Praxis bedeutend vergrößert werden. Bezüglich der in Ungarn verwendeten modernen Ölzusätze können sie jene Grenzwerte erreichen, die denen eines Fahrzeugs mit 10—15 km Laufleistung entsprechen.

Der Einsatz der Untersuchungsmethoden, die auf der Neutronenaktivierung der Verschleißprodukte und auf der Gammaspektrometrie basieren, an Nutzfahrzeugmotoren und die Ergebnisse der durchgeführten Betriebsversuche lassen die Schlußfolgerung zu, daß in den großen Verkehrsbetrieben die Laufleistung von der Inbetriebnahme der neuen Fahrzeugmotoren bis zur ersten Generalreparatur (oder Aussortierung) entscheidend erhöht werden kann. Um die tatsächliche Lebensdauer der Nutzfahrzeugmotoren der vom fertigungstechnologischen Niveau der modernen Kraftfahrzeugindustrie und von der Qualität der Betriebs- und Schmierstoffe bestimmten potentiellen Lebensdauer anzunähern, müssen einerseits bei den untersuchten Motorkonstruktionen die abrasiven Verschleißschutzsysteme (Luft- und Ölfilter) vervollkommnet werden, andererseits muß ihre Instandhaltung in den Verkehrsbetrieben sorgfältiger durchgeführt werden. Die notwendigen Aufwände machen nur einen Teil der auf volkswirtschaftlicher Ebene zu erwartenden Einsparungen und anderen Vorteile (Umweltschutz, Energieeinsparung usw.) aus. In Ungarn kann auf diese Weise die immer stärkere Annäherung der potentiellen Lebensdauer eine Steigerung der Laufleistung, die die tatsächliche Lebensdauer veranschaulicht, um 20 bis 30% zur Folge haben, sowohl bei Nutzfahrzeugmotoren eigener Produktion als auch bei Importmotoren.

Eingegangen am 18. 1. 1979

Literatur

[1] *J. Fodor, G. Kolimár, B. Kováts*, Untersuchung der Eigenschaften der betrieblichen Lebensdauer an Hauptteilen von Kraftfahrzeugen. Tribologische Konferenz, Budapest, 8.—12. Nov. 1976. Publikationen P. II. S. 296—303

[2] *J. Fodor, G. Kolimár*, Untersuchungen über tribologische Eigenschaften von Nutzfahrzeugmotoren und -schaltgetrieben unter Betriebsbedingungen. EUROTRIB '77, Düsseldorf, 3.—5. Okt. 1977. Band I. P. 23/1—4

[3] *J. Fodor*, A practical method for testing the abrasive wear protection of an internal combustion engine Wear, 34. Oct. 1975. p. 419—27

Untersuchungen zur Überwachung des Füllstandes von Flüssiggaspatronen mit Isotopenstrahlenschranken

L. Riedlmayer, V. Mühldorf

(Österreichische Studiengesellschaft für Atomenergie, Institut für Isotopenanwendung, Forschungszentrum Seibersdorf)[1])

Um zu prüfen, ob und unter welchen Bedingungen es möglich ist, den Füllstand in Flüssiggaspatronen mittels Isotopenstrahlenschranken zu messen, wurden Röntgenaufnahmen bei verschiedenen Kapseltemperaturen gemacht.

(D22) INIS DESCRIPTORS:

americium 241; capsules; carbon dioxide; density; gases; level indicators; liquids; medium temperature; nitrogen oxides; radiometric gages; temperature dependence; X-ray radiography

1. Einleitung

Um den Füllstand von Flüssiggaspatronen, die mit CO_2 oder N_2O gefüllt waren, zu überprüfen, wurden Röntgenaufnahmen mit einer Röntgenröhre der Fa. Philips gemacht. Diese Untersuchungen sollten klarstellen, ob und unter welchen Bedingungen eine Überwachung des Füllstandes solcher Patronen mit einer Isotopenstrahlenschranke möglich ist.

2. Herstellung der Röntgenaufnahmen

Zur Herstellung der Röntgenaufnahmen wurde die in Abb. 1 dargestellte Versuchsanordnung gewählt. Als Röntgenfilm wurde Kodirex ohne Verstärker verwendet. Die Röntgenröhre war von Philips (Type K 140 BE).

Wie durch mehrere Belichtungsversuche und mit Hilfe des Leuchtschirmes festgestellt werden konnte, wird bei einer Hochspannung von 100 kV und einem Strom von 5 mA der beste Bildkontrast erzielt, wenn außerdem der kleine Brennfleck gewählt wird. Die Belichtungszeit betrug 10 s, wobei 5 s zum Hochfahren der Röhre benötigt wurden.

Von den Röntgenfilmnegativen wurden Kopien mit sehr hartem Kopierpapier angefertigt.

Die Kapseln haben eine Wandstärke von 0,8 mm und sind aus Tiefziehstahl.

[1]) Anschrift: A 2444 Seibersdorf, Austria

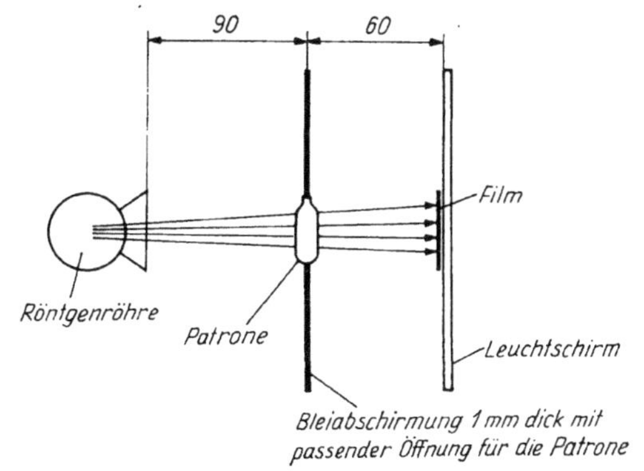

Abb. 1. Versuchsanordnung zur Herstellung der Röntgenaufnahmen von Flüssiggaspatronen

Es wurden je 3 Kapseln mit CO_2 und N_2O Füllung bei 0 °C und Raumtemperatur (~ 21 °C) untersucht. Zwischentemperaturen konnten nicht eingestellt werden, da weder ein geeigneter Temperaturfühler zur Messung der Kapseltemperatur noch eine Klimakammer zur Verfügung standen.

3. Ergebnisse

Wie zu erwarten war, treten 2 Effekte auf, die die Überwachung des Füllstandes von Flüssiggaspatronen mit Isotopenstrahlenschranken sehr erschweren.

a) *Volumenvergrößerung der flüssigen Phase*

Wie durch Vergleich der Röntgenaufnahmen (siehe Tafel 1—3) bei Normaltemperatur und 0 °C zu erkennen ist, tritt mit zunehmender Temperatur eine starke Volumenvergrößerung der flüssigen Phase ein, die bei den CO_2-Kapseln Nr. 1 und Nr. 2 für 21 °C so stark ist, daß kein Flüssigkeitsniveau zu erkennen ist. In allen anderen Fällen ist die Volumenzunahme so stark, daß das Flüssigkeitsniveau in Höhe der Einziehung der Kapsel oder im Kapselhals liegt.

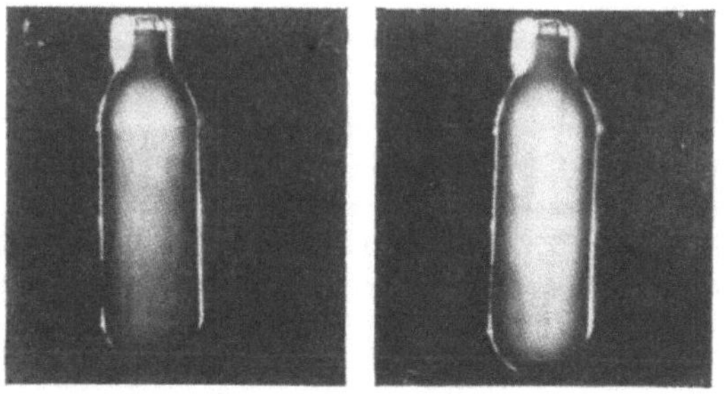

CO_2 Nr. 1 bei 0 °C — CO_2 Nr. 1 bei 21,7 °C

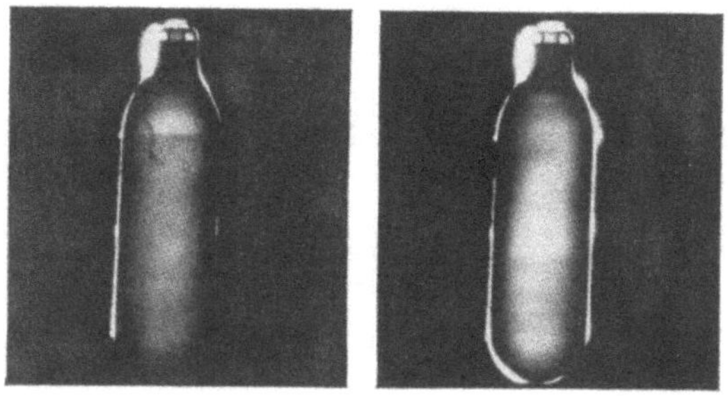

N_2O Nr. 1 bei 0 °C — N_2O Nr. 1 bei 21,4 °C

Tafel 1.

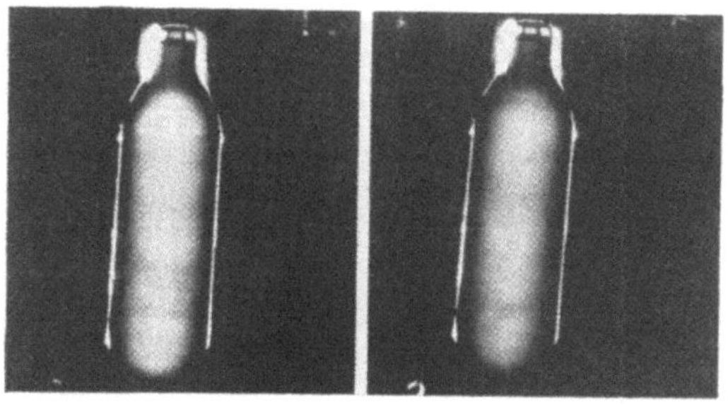

CO_2 Nr. 2 bei 0 °C — CO_2 Nr. 2 bei 20 °C

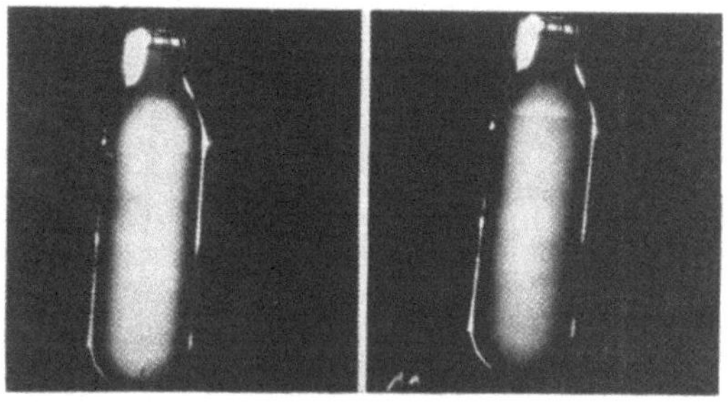

N_2O Nr. 2 bei 0 °C — N_2O Nr. 2 bei 21,2 °C

Tafel 2.

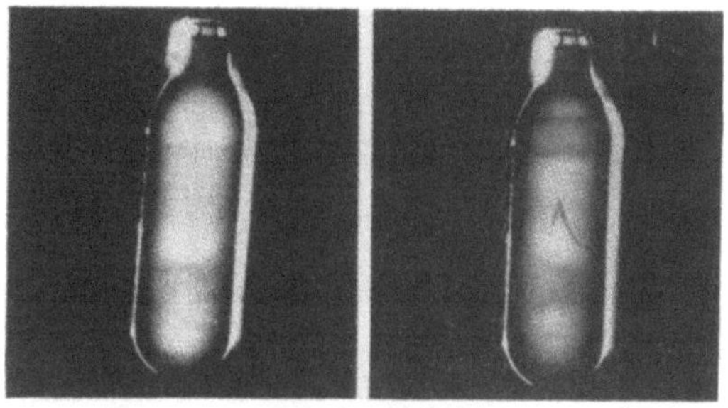

CO_2 Nr. 3 bei 0 °C — CO_2 Nr. 3 bei 21,2 °C

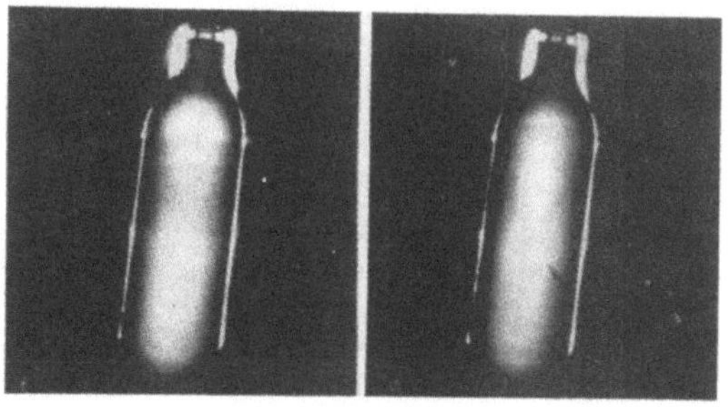

N_2O Nr. 3 bei 0 °C — N_2O Nr. 3 bei 20,3 °C

Tafel 3.

b) *Abnahme des Dichteunterschiedes zwischen flüssiger und gasförmiger Phase in der Nähe des Tripelpunktes*

Wie das Diagramm Abb. 2 zeigt, ist für CO_2 bei 0 °C die Dichte der flüssigen Phase noch 10mal so hoch wie die Dichte der gasförmigen Phase. Bei 22,5 °C beträgt der Faktor noch 3,53, um bei der kritischen Temperatur (31 °C) 1 zu werden.

4. Schlußfolgerungen

Eine Überwachung des Füllniveaus mit Isotopenstrahlschranken ist daher nur möglich, wenn die Kapseltemperatur beim Meßvorgang konstant auf 0 °C oder einer tieferen Temperatur gehalten wird.

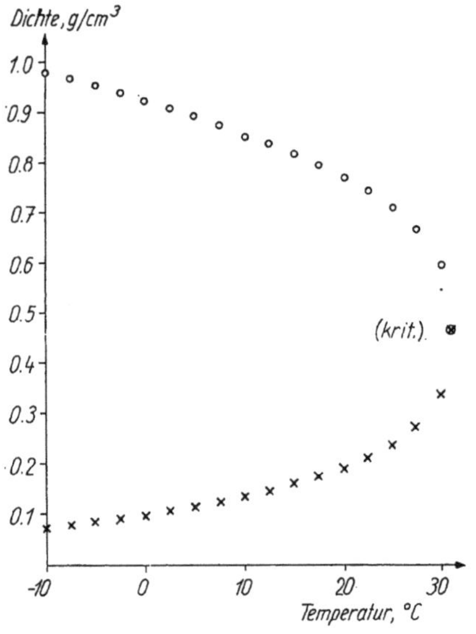

Abb. 2. Dichte der Dampfphase und der flüssigen Phase von CO_2 in Abhängigkeit von der Temperatur in einem abgeschlossenen System

× — Dampfphase; ○ — flüssige Phase

Wie Messungen mit ^{241}Am (60 keV γ) gezeigt haben, beträgt der Unterschied in der Zählrate bei Durchstrahlung der Dampfphase bzw. bei Durchstrahlung der flüssigen Phase etwa 1000 Impulse bei 10000 Impulsen Gesamtzählrate.

Unter der Einschränkung, daß die Wandstärkenschwankungen der Kapseln das Meßergebnis nicht beeinflussen, ist daher bei den oben angeführten Bedingungen eine Überwachung des Füllniveaus möglich. Andernfalls wird die Verwendung einer Röntgeneinrichtung mit optischer Kontrolle über eine Bildschirmanzeige empfohlen.

5. Zusammenfassung

Die Untersuchungen haben gezeigt, daß bei der Überwachung des Füllstandes in Flüssiggaspatronen die Temperatur der Patronen während des Kontrollvorganges konstant auf 0 °C oder darunter gehalten werden muß. Darüber hinaus muß bei Messung des Niveaus mit einer Isotopenstrahlenschranke darauf geachtet werden, daß die Schwankungen der Behälterwandstärke das Meßergebnis nicht beeinflussen. Sollten die Messungen mit einer Isotopenstrahlenschranke keine sicheren Aussagen über das Füllniveau zulassen, wird die Verwendung einer Röntgeneinrichtung mit Bildschirmanzeige empfohlen.

Eingegangen am 5. 1. 1979

Theoretische Berechnung der Eichkurven von Neutronensonden mit Hocheffektiven Zählrohren*)

N. A. Kolev

(Institut für Bodenkunde und Ertragsprogrammierung „N. Puschkarov", Sofia, Bulgarien)¹)

Es wird ein mathematisches Modell für die theoretische Berechnung der Eichkurven von Neutronensonden mit hocheffektiven Zählrohren mit Hilfe eines Computers beschrieben. Methoden für die experimentelle Korrektur des mathematischen Modells werden vorgeschlagen. Die berechnete Eichkurve wird mit den experimentellen Ergebnissen verglichen.

(B31) INIS DESCRIPTORS:

accuracy; calibration; computer calculations; density; He-3 counters; humidity; mathematical models; moisture gages; radiometric gages; soils

Die richtige Eichung einer Neutronensonde ist eine wichtige Voraussetzung für die genaue Bestimmung der Bodenfeuchte. Der große Zeit- und Arbeitsaufwand der Feld- und Labormethoden zur Eichung ist aber nur mit Hilfe der theoretischen Berechnung der Eichkurven durch physikalische Modelle und Computerberechnungen zu vermeiden. Deshalb gilt die Computerberechnung als die aussichtsreichste Methode [1]. Die vergleichenden Untersuchungen von *Moutonnet* [2] zeigen, daß die theoretische Berechnung auch die genaueste Methode zur Eichung der Neutronensonden ist.

Theoretische physikalische Modelle zur Berechnung der Eichkurven von Neutronensonden für Bodenfeuchtemessungen sind von *Holmes* [3], *Majerczyk* und *Zuber* [4] aufgestellt worden, die die *Fermi*sche Alterstheorie anwenden, von *Nagy* und *Vertes* [5], die die Zweigruppentheorie anwenden von *Ølgaard* [6], *Ølgaard* und *Haahr* [7] und *Couchat* [8], die die Dreigruppentheorie verwenden, von *Kasi* und *Koskinen* [9], die die Multigruppentheorie benutzen und von *Kirkegaard* [10], der die Monte-Carlo-Methode anwendet. Das Dreigruppenmodell stellt den besten Kompromiß zwischen Genauigkeit und Einfachheit dar [1, 10].

Die bis jetzt entwickelten theoretischen Modelle und Computerprogramme gestatten die Berechnung der Eichkurven nur von Sonden mit Szintillationsdetektoren [7] und Sonden mit BF_3-Zählrohren und zentraler Geometrie (Abb. 1, Anordnung 3) [6, 8].

Die von uns entwickelten Modelle und das Computerprogramm ermöglichen die Berechnung der Eichkurven von Neutronensonden mit hocheffektiven Zählrohren (z. B. ^{3}He-Zählrohren) und zentraler und axialer (Abb. 1, Anordnung 1) Geometrie.

Als physikalisches Modell für die Berechnung wurde die Dreigruppentheorie ausgewählt.

Es wurde angenommen, daß die Quelle schneller Neutronen ein Punkt und das Zählrohr eine Linie ist, die beide unmittelbar vom Boden umgeben sind.

Unter solchen Voraussetzungen lautet nach [6] die Gleichung für den Fluß thermischer Neutronen:

$$\Phi_{\text{th}}(r) = \frac{Q}{4\pi D_3 r} \frac{L_3^2}{L_1^2 - L_2^2} \left(\frac{L_1^2}{L_1^2 - L_3^2} (e^{-r/L_1} - e^{-r/L_3}) - \frac{L_2^2}{L_2^2 - L_3^2} (e^{-r/L_2} - e^{-r/L_3}) \right) \quad (1)$$

¹) Anschrift: 1731 Sofia, Chaussée Bankja 5

*) Teilergebnisse der Dissertation „Bestimmung der Evapotranspiration durch Messung der Bodenfeuchte mit radiometrischen Methoden", AdL der DDR, Berlin. Betreuer: Prof. Dr. *K. Unger*, Quedlinburg

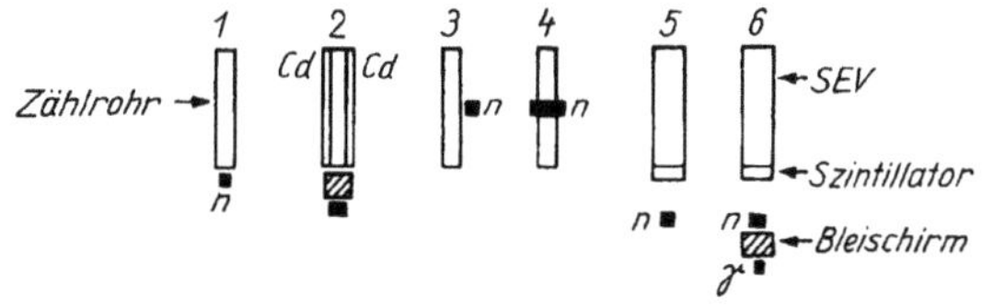

Abb. 1. Verschiedene Geometrien der Neutronensonden

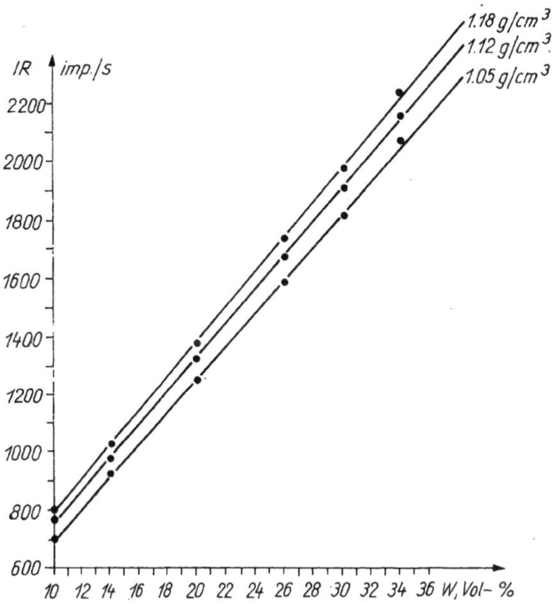

Abb. 2. Schar von bei verschiedenen Bodendichten berechneten Eichkurven

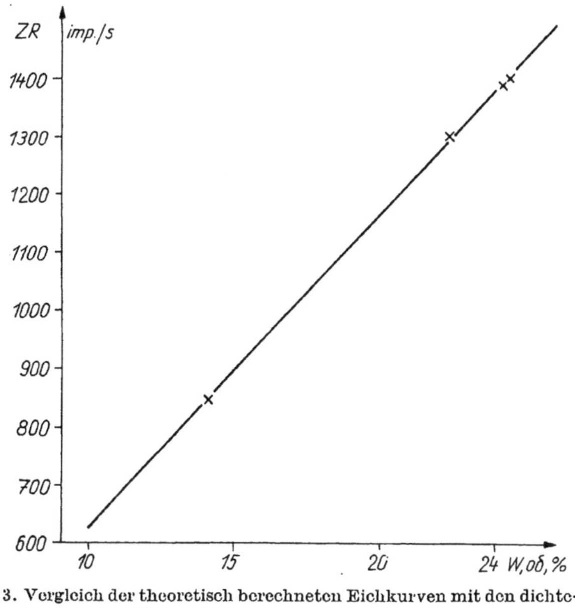

Abb. 3. Vergleich der theoretisch berechneten Eichkurven mit den dichtekorrigierten Meßergebnissen

und die Gleichung für den Fluß epithermischer Neutronen:

$$\Phi_{\mathrm{epi}}(r) = \frac{Q}{4\pi D_2 r} \frac{L_2^2}{L_1^2 - L_3^2} (\mathrm{e}^{-r/L_1} - \mathrm{e}^{-r/L_2}) \tag{2}$$

Hier bedeuten Φ_{th} und Φ_{epi} die Flüsse thermischer und epithermischer Neutronen in einem Volumenelement dr mit dem Abstand r von der Neutronenquelle, Q die Aktivität der Neutronenquelle, L_1 und L_2 die Bremsenlängen in der ersten und zweiten Gruppe (schnelle Neutronen), L_3 die Diffusionslänge in der dritten Gruppe (thermische Neutronen), D_2 und D_3 die Diffusionskoeffizienten in der zweiten und dritten Gruppe. Aus diesen Gleichungen kann man weitere Gleichungen für den Neutronenfluß im Detektor, bzw. für die Zählrate als Funktion der Bodenfeuchtigkeit ableiten, wenn die Anordnung der Neutronensonde, die Abmessungen und die Eigenschaften des Detektors bekannt sind.

Um die Ungenauigkeiten durch die angenommenen Vereinfachungen in dem physikalischen Modell wie auch die Ungenauigkeiten bei der Bestimmung der Parameter des Detektors zu vermeiden, werden zwei experimentell bestimmte Konstanten C_2 und C_3 eingeführt, die diese Ungenauigkeiten korrigieren.

Somit lautet die Gleichung für die Zählrate:

$$ZR = C_2 A_2 + C_3 A_3 \tag{3}$$

mit

$$A_2 = \Sigma_{\mathrm{a,D}}^{\mathrm{epi}} \cdot F_{2,\mathrm{D}} \tag{4}$$

und

$$A_3 = \Sigma_{\mathrm{a,D}} \cdot F_{3,\mathrm{D}} \tag{5}$$

Hier sind $\Sigma_{\mathrm{a,D}}^{\mathrm{epi}}$ und $\Sigma_{\mathrm{a,D}}$ die Absorptionsquerschnitte des Detektors für epithermische und thermische Neutronen, $F_{2,\mathrm{D}}$ und $F_{3,\mathrm{D}}$ die Flüsse epithermischer und thermischer Neutronen im Detektor.

Die gröbste Vereinfachung im physikalischen Modell ist die vollständige Vernachlässigung des Einflusses des Bohrlochdurchmessers, d. h. die Annahme, daß die Quelle und das Zählrohr unmittelbar von der Bodensubstanz umgeben sind. In Wirklichkeit gibt es ein zylindrisches Loch, wo die Neutronen praktisch nicht gebremst werden. Die spärlich vorliegenden Literaturangaben über den Einfluß des Bohrlochdurchmessers [1, 11, 12] und das fast vollständige Fehlen von Informationen über die Bedingungen, bei denen diese Untersuchungen gemacht worden sind, erlauben kaum eine genaue Schätzung dieses Einflusses. Die Analyse der experimentellen Ergebnissen von *Emel'janov* [11, 12] zeigt aber eine fast proportionale Verringerung der Neigung der Eichkurve mit der Zunahme des Durchmessers. Diese Verringerung kann durch die eingeführten Korrekturkoeffizienten C_2 und C_3 experimentell korrigiert werden.

Es zeigt sich jedoch eine kleine Abweichung von der Proportionalität der Neigungsverringerung mit der Zunahme der Bodenfeuchte. Deshalb können die Korrekturkoeffizienten nicht gleich konstant sein. Mit einer ausreichenden Genauigkeit können sie aber als Konstanten angenommen werden.

Unter der Annahme, daß der Detektor ein „Liniendetektor" mit einer Halblänge l des aktiven Teils ist und der Abstand zwischen dem Zentrum des Detektors und dem Zentrum der Neutronenquelle d beträgt, bekommt man nach der Integration der Gl. (1) und (2) für die Sonden mit Endgeometrie die Gleichungen

$$F_{2,\mathrm{D}} = \frac{V_\mathrm{D}}{2l} \cdot \frac{Q}{4\pi D_2} \cdot \frac{L_2^2}{L_1^2 - L_2^2} \left(E_\mathrm{i}\left(\frac{d-l}{L_1}\right) - E\left(\frac{d+l}{L_1}\right) - E_\mathrm{i}\left(\frac{d-l}{L_2}\right) + E_\mathrm{i}\left(\frac{d+l}{L_2}\right) \right) \tag{6}$$

$$\begin{aligned} F_{3,\mathrm{D}} = \frac{V_\mathrm{D}}{2l} \frac{Q}{4\pi D_3} \frac{L_3^2}{L_1^2 - L_2^2} \Bigg(& \frac{L_1^2}{L_1^2 - L_3^2} \left(E_\mathrm{i}\left(\frac{d-l}{L_1}\right) - E_\mathrm{i}\left(\frac{d+l}{L_1}\right) - E_\mathrm{i}\left(\frac{d-l}{L_3}\right) + E_\mathrm{i}\left(\frac{d+l}{L_3}\right) \right) \\ & - \frac{L_2^2}{L_2^2 - L_3^2} \left(E_\mathrm{i}\left(\frac{d-l}{L_2}\right) - E_\mathrm{i}\left(\frac{d+l}{L_2}\right) + E_\mathrm{i}\left(\frac{d-l}{L_3}\right) - E_\mathrm{i}\left(\frac{d+l}{L_3}\right) \right) \Bigg) \end{aligned} \tag{7}$$

und für Sonden mit Nullgeometrie die Gleichungen

$$F_{2,D} = \frac{V_D}{l} \cdot \frac{Q}{4\pi D_2} \cdot \frac{L_2^2}{L_1^2 - L_2^2}\left(E_i\left(\frac{l}{L_2}\right) - E_i\left(\frac{l}{L_1}\right) + \ln(L_1/L_2)\right) \quad (8)$$

$$F_{3,D} = \frac{V_D}{l} \frac{Q}{4\pi D_3} \frac{L_3^2}{L_1^2 - L_2^2}\left(\frac{L_1^2}{L_1^2 - L_3^2}\left(E_i\left(\frac{l}{L_3}\right) - E_i\left(\frac{l}{L_1}\right) + \ln(L_1/E_3)\right) - \frac{L_2^2}{L_2^2 - L_3^2}\left(E_i\left(\frac{l}{L_3}\right) - E_i\left(\frac{l}{L_2}\right) + \ln(L_2/L_3)\right)\right) \quad (9)$$

Hierbei ist $E_i(x)$ die Integralesponentialfunktion

$$E_i(x) = \int_x^\infty \frac{e^{-y}}{y}\, dy \quad (10)$$

und V_D das aktive Volumen des Detektors. Bei den Sonden mit Nullgeometrie wurde $d = 0$ angenommen; die Integrierung wurde vom Zentrum bis zum Ende des aktiven Volumens ausgeführt.

Zur Berechnung der Brems- und Diffusionslängen, der Diffusionskoeffizienten und der entsprechend notwendigen kernphysikalischen Parameter des Bodens wurde der erste Teil des Modells von *Ølgaard* [6] verwendet, da *Ølgaard* die notwendigen Wirkungsquerschnitte berechnet und tabelliert hat. Dieses Modell wurde für eine Ra-Be-Neutronenquelle aufgestellt und von *Ølgaard* und *Haahr* [7] auch für eine Am-Be-Quelle verwendet.

Die von uns verwendete Neutronenquelle ist eine ^{239}Pu-Be-Quelle. Das Energiespektrum ist den Spektren von Am-Be- und Ra-Be-Quellen ähnlich [8, 13]. Die von allen diesen Quellen emittierten Neutronen besitzen eine mittlere Energie von ungefähr 4—5 MeV. Die Untersuchungen von *Couchat* [8] zeigen, daß eine Änderung der mittleren Energie nur eine Änderung der Neigung der Eichkurve hervorruft. Diese Änderung kann aber durch die eingeführten Konstanten C_2 und C_3 korrigiert werden.

Das Computerprogramm ist in ALGOL-Sprache für den amerikanischen Minicomputer NOVA 840 geschrieben worden. Die in dem Artikel verwendeten Meßeinheiten sind gleich den im Computerprogramm verwendeten. Die Beschreibung des Computerprogramms ist in einem internen Bericht gegeben [14], der weiter durch INIS verbreitet werden wird.

Die Konstanten C_2 und C_3 sind in dem Programm als Eingangsgrößen enthalten. Ein Kontrollparameter bestimmt die gewünschte Geometrie.

Aus den berechneten Werten der Zählraten werden zusätzlich für jede Bodendichte Gleichungen $ZR = ZR(w)$ bei ϱ = const berechnet, die eigentlich die Eichkurven darstellen.

Setzt man die Konstante $C_2 = 0$, kann man Eichkurven für Sonden mit BF_3-Zählrohren berechnen. Es ist natürlich auch eine Berechnung des Flusses epithermischer Neutronen für BF_3-Zählrohre möglich. Da die experimentelle Bestimmung nur einer Konstanten einfacher und die Zählrate epithermischer Neutronen zu klein ist, ist es aber besser, den Fluß epithermischer Neutronen bei BF_3-Zählroren zu vernachlässigen.

Die Konstanten C_2 und C_3 können prinzipiell aus Messungen in einem Medium mit bekannten Eigenschaften und bekannter Feuchtigkeit bestimmt werden. Ein solches Verfahren haben *Ølgaard* [15] und *Ølgaard* und *Haahr* [7] für ^{6}Li-Szintillationssonden vorgeschlagen und verwendet. Nach dieser Prozedur wird zuerst aus Bodenfeuchtemessungen und komplizierten Berechnungen die Konstante C_2 bestimmt und dann mit C_2 aus Messungen im Wasser die Konstante C_3 berechnet.

Da die Bodenfeuchtemessungen praktisch nicht bei gleicher Bodendichte durchgeführt worden sind, muß man die Ergebnisse auf gleiche Bodendichte umrechnen. Damit man aber die Zählraten bei verschiedener Bodendichte berechnen kann, sind die Werte der Konstanten C_2 und C_3 notwendig. Wie diese Werte anfänglich berechnet werden, ist in den oben zitierten Arbeiten nicht erklärt. Messungen im Wasser sind wegen der Abhängigkeit der Konstanten von der Bodenfeuchtigkeit nicht zweckmäßig. Deshalb wurde ein Verfahren zur Bestimmung beider Konstanten aus der Bodenfeuchtigkeitsmessung im großen Behälter entwickelt. Die Bodenfeuchtigkeitswerte müssen dem zu verwendenden Meßbereich entsprechen, und die trockene Bodendichte muß möglichst immer gleich sein.

Eine zusätzliche Dichtekorrektur der Meßergebnisse, die von der Standarddichte ϱ_s noch abweichen, wurde folgendermaßen durchgeführt.

Nach Beendigung der Messungen setzt man in das Computerprogramm die entsprechenden Dichtewerte ein und berechnet die Größen A_2 und A_3 (siehe Gl. (4) und (5)). Weiter werden die Unterschiede ΔA_2 und ΔA_3 zwischen der bei den Messungen erhaltenen Dichte ϱ und die Standarddichte ϱ_s berechnet. In die Gl. (3) wird $C_2 = C_3 = C$ eingesetzt und aus der gemessenen Zählrate ZR ein Wert für die Konstante C berechnet. Mit diesem Wert schätzt man die Differenz

$$\Delta ZR' = C(\Delta A_2 + \Delta A_3) \quad (11)$$

und die korrigierte Zählrate

$$ZR'_{\varrho_s} = ZR - \Delta ZR' \quad (12)$$

ab.

Nachdem alle ZR-Werte so korrigiert worden sind, berechnet man aus den Werten für ZR'_{ϱ_s}, A_2 und A_3 (alle für Dichte ϱ_s) nach der Methode der kleinsten Quadrate die Werte C_2' und C_3'. Mit den so bestimmten Konstanten berechnet man die neuen Korrekturwerte

$$\Delta ZR = C_2' \cdot \Delta A_2 + C_3' \cdot \Delta A_3 \quad (13)$$

und

$$ZR_{\varrho_s} = ZR - \Delta ZR \quad (14)$$

Diese neuen ZR_{ϱ_s}-Werte werden weiter für die Berechnung der endgültigen Werte für die Konstanten C_2 und C_3 verwendet.

Mit den so bestimmten Konstanten C_2 und C_3 kann man weiter eine Schar von Eichkurven für verschiedene Bodendichten berechnen. Ein Beispiel dafür ist in Abb. 2 dargestellt.

In Abb. 3 ist die theoretisch berechnete Eichkurve zusammen mit den dichtekorrigierten Meßergebnissen dargestellt. Wie zu erkennen ist, beträgt der höchste Unterschied 0,3 Vol.-%.

Die so berechneten Werte der Konstanten C_2 und C_3 gelten nur für bestimmte Zählrohre, Verstärker, Arbeitsregime und Sondengeometrie (einschließlich Bohrlochdurchmesser und Führungsrohr). Falls eine Änderung dieses Durchmessers oder des Führungsrohres notwendig ist, müßte man die Konstanten neu berechnen. Falls aber nur das Zählrohr, der Verstärker oder das Arbeitsregime bei Reparaturarbeiten geändert wird, braucht man nicht das ganz oben beschriebene Verfahren anzuwenden, sondern nur die neuen Werte der Konstanten mit Hilfe der vorher vorbereiteten und kalibrierten stabilen Eichbehälter, z. B. aus Polyäthylen, [16], zu ermitteln, da in diesem Fall die Geometrie nicht geändert wird.

Eingegangen am 24. 1. 1979

Literatur

[1] *J. F. Cameron*, Nuclear techniques and mineral resources. IAEA, Vienna 1969, 81

[2] *P. Moutonnet*, Investigations of different methods of calibration of a neutron soil moisture gauge in some tropical soils. IAEA-R-452-F. IAEA, Vienna 1970

[3] *J. W. Holmes*, Neth. J. Agric. Sci. 4 (1956) 30

[4] *J. Majerczyk, A. Zuber*, Radioisotope instruments in industry and geophysics, Vol. II, IAEA, Vienna 1965, 383

[5] *A. Z. Nagy, P. Vertes*, J. Scient. Instrum 1 (1968) 1097

[6] *P. L. Ølgaard*, On the theory of the neutronic method for measuring the water content in soil. Risø Report No. 97, 1965
[7] *P. L. Ølgaard, V. Haahr*, Nucl. Eng. Design 5 (1967) 311;
[8] *Ph. Couchat*, Isotope and radiations technique in soil moisture and irrigation studies. IAEA, Vienna 1967, 67
[9] *S. Kasi, H. Koskinen*, Nucl. Eng. Design 3 (1966) 74
[10] *P. Kirkegaard*, Risø-M-896: Monte Carlo study of neutrons in soil for surface moisture gauges. Risø, Danemark 1969
[11] *V. A. Emel'janov*, Gamma luči i nejtrony v polevych počveno-meliorativnych issledovanijach. Atomizdat, Moskva 1962, 224 S.
[12] *V. A. Emel'janov*, Polevaja radiometrija vlažnosti i plotnosti počvogruntov. Atomizdat, Moskva 1970, 334 S.
[13] *G. M. Fradkin*, Izotopnye istočniki nejtronov. Atomizdat, Moskva 1963, 43 S.
[14] *N. A. Kolev*, Izčislitelna programa za teoretičesko presmjatane na kalibrovačnite krivi na neutronni vlagomeri. Innerer Bericht, Institut für Bodenkunde und Ertragsprogrammierung, Sofia 1978
[15] *P. L. Ølgaard*, Description of the MOPS-II-C programme. Risø-M-481. 1967
[16] *S. J. Ursic*, Soil Sci. 104 (1967) H. 5, 10

Teilautomatisierte Apparatur zur probenchemischen Umarbeitung von Kohlenwasserstoffen für die Bestimmung der ^{13}C-Variationen

K. Mühle, D. Rohmer

(AdW der DDR, Zentralinstitut für Isotopen- und Strahlenforschung Leipzig)[1])

Für die systematische Untersuchung von ^{13}C-Variationen in natürlichen Gasen wurde eine teilautomatisierte Apparatur für die probenchemische Umarbeitung von Kohlenwasserstoffen zur massenspektrometrischen Analyse entwickelt. Hierbei wird eine bekannte Methode (Maaß und Geißler) hinsichtlich der Gasströme und der Kühlung modifiziert. Das für den Betrieb einer „Tandem"-Apparatur notwendige Ventilsystem und ein für Äthangehalte unter 1% erforderliches Anreicherungsverfahren werden beschrieben. Die Zahl der bearbeiteten Proben pro Arbeitskraft konnte verdoppelt werden, und der Fehler der Probenaufbereitung sank.

(B11) INIS DESCRIPTORS:

automation; carbon 13; carbon dioxide; combustion; ethane; gas chromatography; isotope ratio; laboratory equipment; mass spectroscopy; methane; sample preparation; water

Die systematische Untersuchung der Isotopenvariationen an natürlichen Objekten, aber auch die modellmäßige Untersuchung von Isotopieeffekten erfordert eine relativ große Zahl von massenspektrometrischen Messungen und den damit verbundenen probenchemischen Umarbeitungen. Die dabei vielfach vorhandene prinzipielle Gleichheit der Ausgangssubstanz bedingt eine ständige Wiederholung des Probenaufbereitungsalgorithmus. Einerseits folgt hieraus die Möglichkeit zur zumindest teilweisen Automatisierung, andererseits aber auch ihre Notwendigkeit; denn bei sich ständig wiederholenden Handgriffen treten Fehloperationen als Folge von Unachtsamkeiten auf, die zu Fehlmessungen führen und damit Wiederholungsarbeiten bedingen.

Im Zentralinstitut für Isotopen- und Strahlenforschung der AdW der DDR wurde für die systematische Untersuchung von ^{13}C-Variationen in natürlichen Gasen eine teilautomatisierte Apparatur entwickelt, die im folgenden beschrieben werden soll.

Ausgangspunkt der Arbeiten war eine von *I. Maaß* und *C. Geißler* [1] beschriebene Methode. Hierbei wird die umzuarbeitende Probe in einer gaschromatographischen Trennanordnung mit Stickstoff als Trägergas in die Kohlenwasserstoffkomponenten zerlegt. Die gewünschte Komponente wird danach im Sauerstoffstrom in einem Kobaltoxid-Kontaktofen bei 975—1070 K zu CO_2 und H_2O verbrannt. Im Anschluß an den Kontaktofen werden in zwei nacheinandergeschalteten Kühlfallen H_2O bei ca. 195 K (mit CO_2-Alkohol als Kühlmittel) und CO_2 bei ca. 113 K (mit iso- + n-Pentan flüss. Stickstoff) ausgefroren. Das CO_2 wird durch mehrmaliges Auftauen und Einfrieren gereinigt und anschließend in Probenröhrchen gefüllt (Abb. 1).

Als besonders nachteilig erschienen bei dieser Methode folgende Faktoren:

1. Die Herstellung der Kühlmischung aus Pentan (n + iso) und flüss. Stickstoff ist sehr zeit- und materialintensiv.
2. Zur gaschromatographischen Trennung und zur Verbrennung sind verschiedene Gase notwendig.

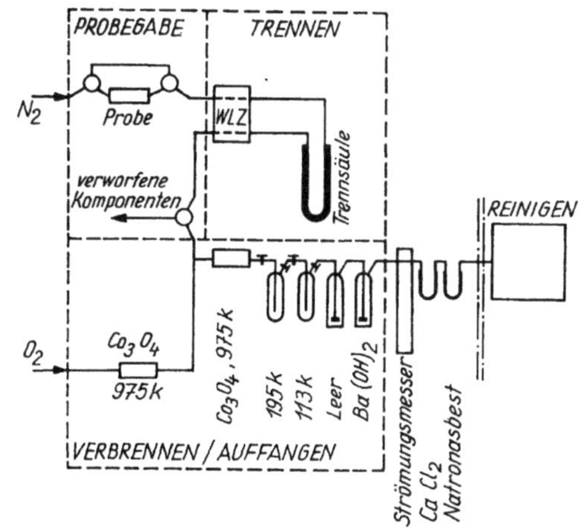

Abb. 1. Verbrennungsapparatur

3. Bei der Äthanumarbeitung ergeben sich Schwierigkeiten, wenn der Äthangehalt kleiner als 1% ist.
4. Die zeitliche Relation zwischen dem Verbrennungsvorgang und der Probendosierung (einschl. Trennung) ist ungünstig.
5. Die manuelle Bedienung der relativ großen Zahl von Hähnen bei der Probendosierung und Auftrennung kann leicht zu Fehlschaltungen führen.

Um diese Nachteile zu umgehen, wurde eine Kombination von Teilapparaturen, die bisher für die Einzelschritte notwendig waren entwickelt (Abb. 2). Die Kombination besteht aus 2 Glasapparaturen, die gleichzeitig zur Verbrennung und zur CO_2-Umarbeitung geeignet sind, und einem Trennsystem einschließlich Probenaufgabe und Probenanreicherung. Im Gegensatz zu der bisherigen Methode, bei der N_2 als Trägergas für die gaschromatographische Trennung und O_2 als Verbrennungsgas verwendet wurden, wird jetzt eine O_2-N_2-Mischung mit etwa 8 Vol-% Sauerstoff und 92 Vol.-% Stickstoff für alle Teilschritte

[1]) Anschrift: 705 Leipzig, Permoserstr. 15

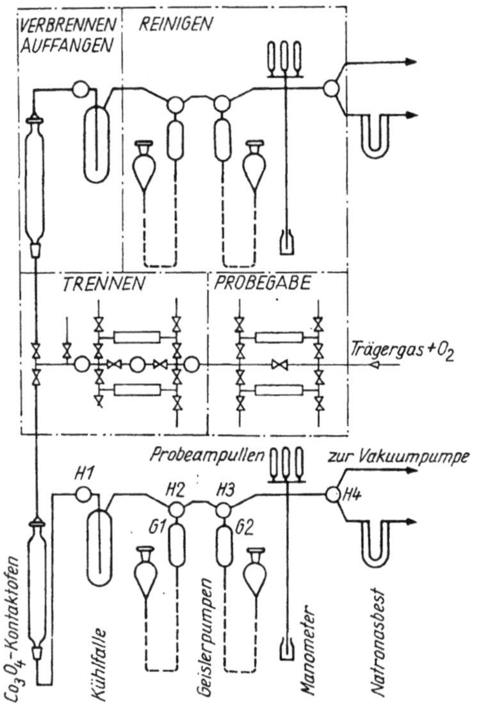

Abb. 2. Tandemapparatur zur Gewinnung von CO_2-Meßgas aus Kohlenwasserstoffgasproben

eingesetzt. Das brachte den Vorteil, daß die aufwendige Pentan-Stickstoff-Kühlung durch eine Kühlung mit flüssigem N_2 ersetzt werden konnte, ohne daß unverbrauchtes O_2 bei der Temperatur des flüssigen Stickstoffs auskondensierte. Außerdem werden die Verbrennungsprodukte CO_2 und H_2O gemeinsam ausgefroren.

Um auch Gasgemische mit relativ geringen Äthangehalten (unter 1%) mit hinreichender Genauigkeit für die Präzisionsisotopenanalyse umarbeiten zu können, wurde ein Anreicherungsverfahren erprobt. Die Anreicherung des Äthans gelingt mit Wolfen-Zeosorb 13 X (Korngröße 0,2–0,25 mm) bei 117 K bis 112 K in einer Anreicherungssäule (Abb. 3). CH_4 wird dabei nur unwesentlich zurückgehalten. Die Gasgeschwindigkeit beträgt hierbei 1–1,5 l/h. Bei Zimmertemperatur wird das adsorbierte Gas leicht abgegeben und kann nach der üblichen Methode umgearbeitet werden.

Prinzipiell gliedert sich die Bearbeitung einer Gasgemischprobe nach der modifizierten Methode in drei Teilabschnitte:

- Probenanreicherung und Probendosierung
- gaschromatographische Trennung des Gemisches
- Umsetzungs- und Aufbereitungsapparatur.

Zur Trennung wurde eine silikagelgefüllte Trennsäule der Fa. VEB Chromatron, Berlin, von 3 m Länge und 6 mm Durchmesser verwendet (Korngröße des Silikagels 0,2–0,25 mm).

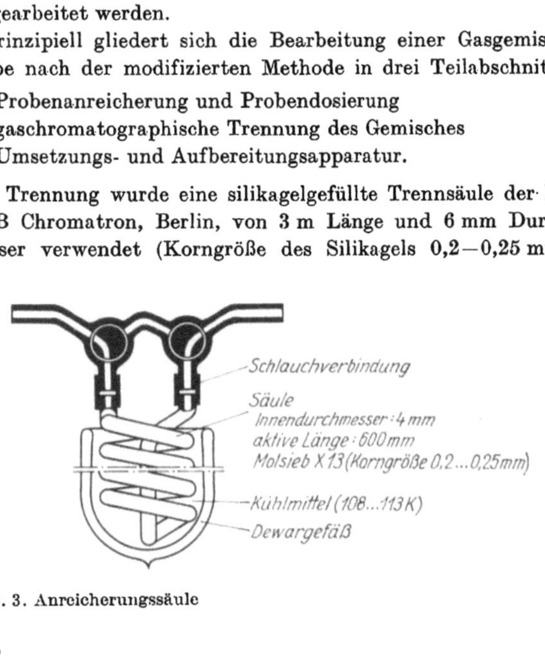

Abb. 3. Anreicherungssäule

Die gewünschte Komponente des Kohlenwasserstoffgemisches wird zusammen mit der Trägergas-Sauerstoff-Mischung in den Kontaktofen geleitet und dort zu Kohlendioxid und Wasser umgesetzt. Der Kontaktofen ist mit stückigem (Korngröße 1 ... 2 mm) Kobaltoxid (Co_3O_4) gefüllt, welches nach einem von *M. Vecera* und *L. Synck* [2] beschriebenen Verfahren hergestellt wird.

Für eine vollständige Umsetzung der Probe ist bei einer Trägergasströmungsgeschwindigkeit von etwa 1,0–1,5 l/h eine minimale Reaktions- und Spülzeit von 30 Minuten notwendig. Die Reaktionsprodukte werden in der mit flüssigem Stickstoff gekühlten Kühlfalle ausgefroren. Nach Ablauf dieser Zeit wird Hahn 1 (H 1) geschlossen und die gesamte Apparatur auf 10^{-3} Torr evakuiert. Dabei verbleibt die Kühlfalle bei 80 K. Jetzt werden die Kühlfalle und das Vorratsgefäß der *Geisler*pumpe G 1 über H 2 miteinander verbunden und die Kühlfalle auf 195 K (Alkohol-Trockeneis) erwärmt. Dabei wird das Proben-CO_2 freigesetzt. Mit Hilfe der *Geisler*pumpe G 1 wird das gesamte CO_2 in die *Geisler*pumpe G 2 gedrückt. Da es beim Auftauen des CO_2 sehr leicht zu Isotopenfraktionierungen kommen kann und ein Konzentrationsausgleich ausschließlich durch Diffusion sehr lange Zeit in Anspruch nimmt, wird die Probe durch mehrmaliges Hin- und Herpumpen zwischen G 1 und G 2 homogenisiert. Als letzter Arbeitsgang wird das Gas bei geschlossenem Hahn 4 mit Hilfe von G 2 auf den für die massenspektrometrische Analyse geforderten Ampullendruck von etwa 200 Torr eingestellt, und die Probeampullen werden abgeschmolzen.

Diese Darstellung gilt für einen der beiden Zweige der in Abb. 2 gezeigten Tandemapparatur. Während die angeführten Arbeitsschritte weiterhin manuell ausgeführt werden, wurde das für beide Teilapparaturen eingesetzte Probengabe- und Trennsystem teilautomatisiert. Das hierzu entwickelte Ventilsystem ist in Abb. 4 prinzipiell dargestellt. Abb. 5 zeigt die Kopplungsmöglichkeiten des Ventilsystems.

Das Ventilsystem mußte folgende Forderungen erfüllen:

a) geringes Gesamtvolumen
b) gute Durchspülbarkeit
c) leichte Auswechselbarkeit defekter Teile.

Besonders die unter a) und b) genannten Eigenschaften konnten bei Einsatz von Ventilen aus herkömmlichen industriellen Bauserien nicht erfüllt werden. Im Verhältnis zu den meist geringen Probengasmengen ist ihr Eigenvolumen sehr groß und außerdem haben sie im Hinblick auf eine gute Spülbarkeit ungünstige tote

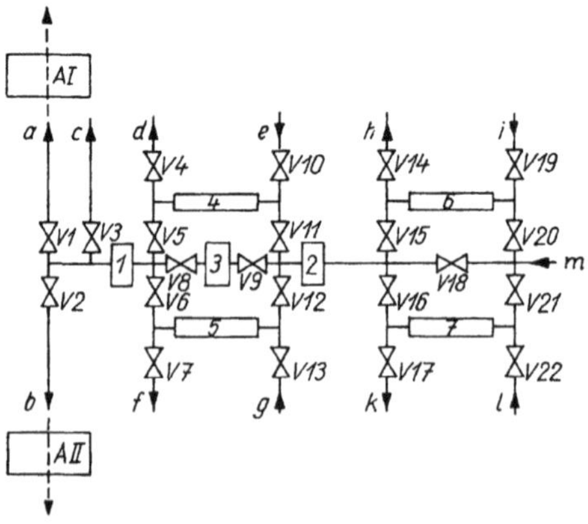

Abb. 4. Gesamtschema des Tandemventilsystems

V1 ... V22 – Magnetventile; 1 – Wärmeleitfähigkeits-Meßzelle; 2 – Wärmeleitfähigkeits-Vergleichszelle; 3 – Drosselventil; 4, 5 – Trennsäule (TS); 6, 7 – Probegefäße (PG); AI, AII – Verbrennungs- und Reinigungsapparaturen; a, b – Zuleitung zur Nachfolgeapparatur; c – Verwerfen unerwünschter Komponenten; d ... g – Zu- und Ableitung von Spülgas; h ... l – Zu- und Ableitung von Probegas; m – Zuleitung für Trägergas-O_2-Gemisch

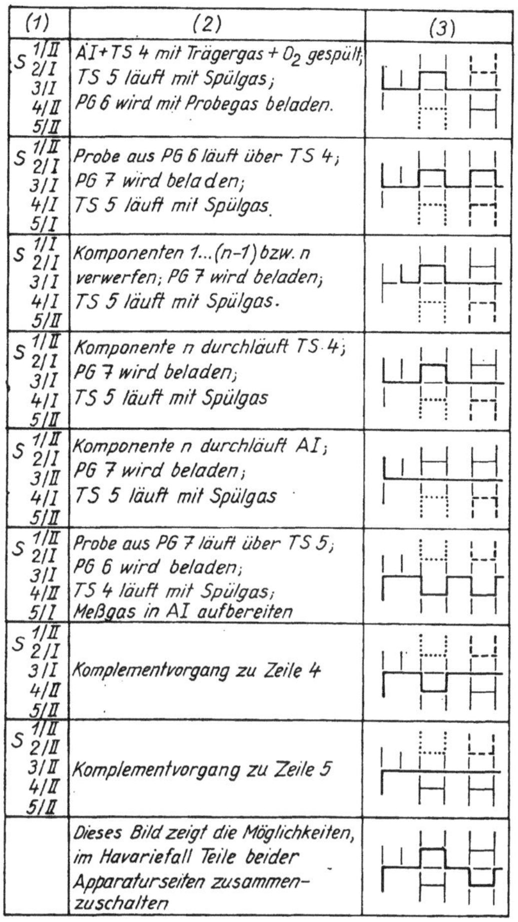

Abb. 5. Kopplungsschemata des Tandemventilsystems

1 – Schalterstellung entsprechend Abb. 7; 2 – Beschreibung des Arbeitszustandes; 3 – Stoffdurchlauf (Vollinie: Trägergas-O_2; punktierte Linie: N_2; gestrichelte Linie: Probengas)

Räume, was zu langen Spülzeiten und vor allem zu einer Verschmierung des Probengaspfropfens führt.

Es wurde deshalb ein Magnet-Membranventil entwickelt, das ein Eigenvolumen von 200 µl aufweist. Als Dichtelement gegen die Außenatmosphäre wurde mit gutem Erfolg eine 0,5 mm dicke Naturkautschuk-Membran verwendet, die im geschlossenen Zustand des Ventils gleichzeitig als Verschlußelement dient. In

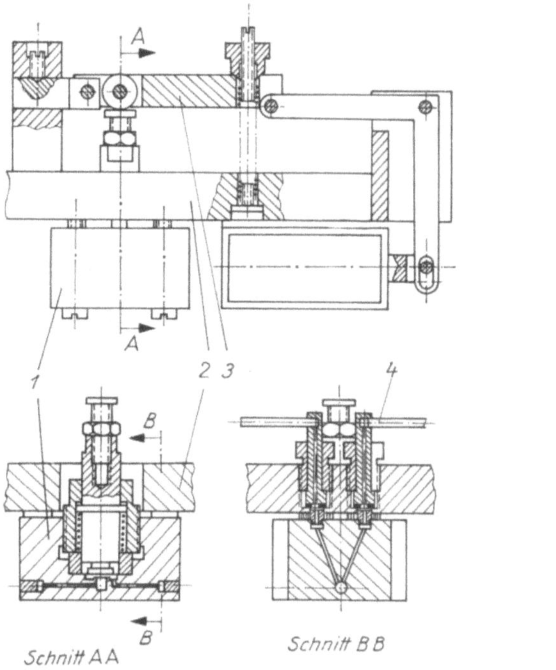

Abb. 6. Magnet-Membranventil

Abb. 6 ist der Aufbau des Ventilsystems dargestellt. Gegen die Montageplatte 1 werden von unten die Ventilkörper (2) angesetzt, während oben das Kraftübertragungssystem (3) und die Verrohrung (4) montiert sind. Durch die V-förmigen Ein- und Ausgänge im Ventil (siehe Schnitt B – B) lassen sich Verzweigungen im Rohrsystem leicht herstellen. Durch die Wahl möglichst kurzer und enger Verbindungsrohre konnte das Gesamtvolumen für beide Teilsysteme – ahne Sekundärbauelemente wie Wärmeleitfähigkeits-Meßzelle, Drosselventil u. a. – auf 20 cm³ beschränkt werden, was wesentlich unter dem Volumen herkömmlicher Glasapparaturen liegt. Aus der Schaltanalyse für das komplette Probengabe-Trenn-System wurde eine elektrische Zwangskopplung entwickelt, die in Abb. 7 prinzipell dargestellt ist.

Die Programmschalter S 1 ... S 5 wählen die in Abb. 5 angegebenen Programmelemente aus und wirken über die Relais A ... H auf die Ventilstromkreise V 1 ... V 22. Die Schaltung wurde so gestaltet, daß S 2 und S 4 gleichzeitig mit dem Betrieb

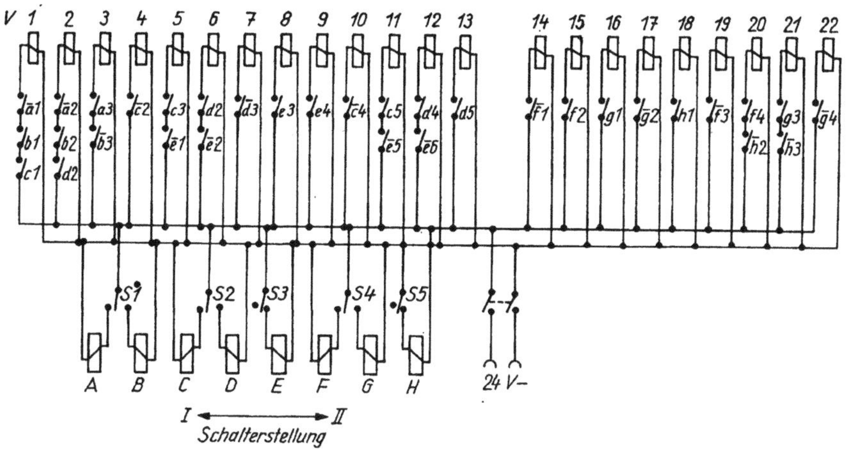

Abb. 7. Schaltplan zum Ventilsystem

V1 ... V22 – Magnetspulen der Ventile; S1 ... S5 – Programmschalter; A ... H – Relaisspulen; a ... h – Relaiskontakte (überstrichene Symbole bedeuten geschlossenen Kontakt im stromlosen Zustand der Spule)

der einen Apparaturhälfte auch den Komplementvorgang in der anderen auslösen.

Die Auslösung der Schalter S 1 ... S 5 kann durch manuelle Bedienung oder durch einen zeitabhängigen Programmgeber erfolgen.

In Abb. 7 wurde wegen der besseren Übersicht die in den Ventilstromkreisen parallel zu den Relaiskontakten liegenden Schalter zur Handbedienung einzelner Ventile, die zur Realisierung von Sonderfällen (in Abb. 5 letzte Zeile) notwendig sind, nicht dargestellt. Zur Erprobung und Fehlerabschätzung für die teilautomatisierte Tandemvariante wurden Methan und Methan-Äthan-Mischungen (mit und ohne Voranreicherung) sowohl in der teilautomatisierten als auch in einer handbetriebenen Glasapparatur umgearbeitet. In der teilautomatisierten Apparatur wurde mit der beschriebenen gemeinsamen Ausfrieren von CO_2 und H_2O und dem Trägergas-O_2-Mischung gearbeitet, während in der Glasapparatur die Proben in herkömmlicher Weise im reinen O_2-Strom verbrannt und die Reaktionsprodukte getrennt ausgefroren wurden.

Die Ergebnisse wurden in Tab. 1 zusammengefaßt. Die nach den verschiedenen Methoden erhaltenen Mittelwerte unterscheiden sich nicht signifikant. Neben einer Verdopplung der Zahl der Umarbeitungen/Arbeitskraft konnte der probenchemische Fehler bei Einsatz der teilautomatisierten Apparatur verkleinert werden.

Tab. 1.

Gas	Art der Umarbeitung	Mittelwert $\delta^{13}C_{korr}$ in ‰	Fehler für eine Doppelbestimmung $\Theta_{abs.}$ ($\delta^{13}C$) in ‰
CH_4	teilautomatisiert	+5,12	±0,20
	handbetrieben	+5,00	±0,22
C_2H_6	teilautomatisiert	−3,10	±0,10
	handbetrieben	−3,13	±0,14
C_2H_6 aus CH_4	teilautomatisiert	−3,09	±0,11
+ C_2H_6	handbetrieben	−3,12	±0,19

Frau *M. Neuber* und Herrn *M. Schaller* danken wir für die experimentelle Mitarbeit und Herrn Obering. *H. Birkenfeld* und seinen Mitarbeitern für die Durchführung der massenspektrometrischen Analysen.

Eingegangen am 24. 11. 1978

Literatur

[1] *I. Maaß, C. Geissler,* Isotopenpraxis **7** (1971) 15
[2] *M. Vecera, L. Synck,* Coll. Czechoslov. Chem. Com. **23** (1958) 1202

Falltestanlage zur Prüfung von Transportverpackungen für radioaktive und spaltbare Stoffe

R. Diersch, M. Weiß

(Brennstoffinstitut Freiberg, Fachbereich Kerntechnik)[1]

W. Birkigt, E. Müller

(Staatliches Amt für Atomsicherheit und Strahlenschutz, Außenstelle Lohmen)[2]

Transportverpackungen des Typs B für radioaktive Stoffe müssen entsprechend den gesetzlichen Bestimmungen so beschaffen sein, daß nach verschiedenen Prüfungen ein Entweichen des radioaktiven Inhaltes ausgeschlossen ist und die strahlenabschirmende Wirkung erhalten bleibt. Zu diesen Prüfungen gehört u. a. ein freier Fall der Verpackung aus 9 m Höhe auf eine starre, unnachgiebige Unterlage. Um Verpackungen für diese Bedingungen sicher dimensionieren zu können, ist die Kenntnis der Stoßkräfte, die auf den Behälter wirken, eine wesentliche Voraussetzung.

Da die herkömmlichen Methoden der Festigkeitslehre zur Ermittlung dieser Kräfte nicht ausreichen, sind experimentelle Untersuchungen erforderlich.

Es werden eine Falltestanlage vorgestellt, die versuchs- und deßtechnischen Einrichtungen beschrieben und deren Funktion erläutert.

(E17) INIS DESCRIPTORS:

cameras; deformation; dynamometers; impact tests; mechanical tests; packaging; performance testing; radioactiv materials; transport

1. Einleitung

Durch die „Anordnung über den Transport radioaktiver Stoffe (ATRS)" [1] werden, in Übereinstimmung mit Empfehlungen der „Internationalen Atomenergiebehörde (IAEA)" [2], die Forderungen der „Strahlenschutzverordnung" der DDR [3] präzisiert und Richtlinien gegeben, bei deren Einhaltung „das Transportpersonal, die Reisenden und Verkehrsteilnehmer sowie die zu transportierenden Güter (z. B. Fotomaterial) vor einer unzulässig hohen Strahlenbelastung geschützt werden". Ebenso wird „bei Transportunfällen die Strahlenbelastung für die betroffenen Personen, die Rettungs- und Räummannschaften und die Bevölkerung des angrenzenden Gebietes sowie die Kontamination des Unfallortes in zulässigen Grenzen gehalten" [4].

Im Interesse einer rationellen Transportabwicklung ist es erstrebenswert, radioaktive und spaltbare Stoffe wie gewöhnliche Güter ohne zusätzliche Sicherheitsmaßnahmen zu befördern. Das wird durch bestimmte Forderungen an die Festigkeit und das Verhalten der Verpackung unter normalen Transportbedingungen, aber auch unter Unfallbedingungen erreicht. Die

Anschrift: [1]) 92 Freiberg/Sa., Halsbrücker Str. 34; [2]) 8354 Lohmen-Herrenleite, Krs. Sebnitz

Unfallbedingungen sind in Prüfverfahren festgelegt und in der ATRS verankert worden.

Je nach Art und Menge des zu transportierenden radioaktiven Stoffes unterscheidet man zwischen konventionellen Verpackungen sowie Typ A- und Typ B-Verpackungen. Die höchsten Anforderungen werden an die Verpackungen des Typs B gestellt. Diese Verpackungen müssen u. a. einem freien Fall aus 9 m Höhe auf eine starre, unnachgiebige Unterlage ausgesetzt werden. Für die dabei auftretenden Beanspruchungen ist der Nachweis zu erbringen, daß die Verpackung ihre strahlenabschirmende Wirkung beibehält und den radioaktiven Inhalt sicher einschließt. Voraussetzung für den gesetzlich geforderten Sicherheitsnachweis und gleichzeitig für die ausreichende Dimensionierung einer Verpackung ist die Kenntnis der bei der 9-m-Fallprüfung an der Verpackung auftretenden Kräfte und Deformationen. Die Kräfte und Deformationen lassen sich jedoch infolge einer Vielzahl von Einflußfaktoren mit herkömmlichen Berechnungsmethoden nicht ermitteln. Es besteht somit die Aufgabe, Methoden zu entwickeln, nach denen die Kräfte und Deformationen auf rationelle Weise und mit ausreichender Genauigkeit bestimmt werden können. Dazu sind neben theoretischen Betrachtungen in besonderem Maße experimentelle Untersuchungen an maßstäblich verkleinerten Modellverpackungen und an Bauelementen sowie Baugruppen von Verpackungen erforderlich.

Am Brennstoffinstitut Freiberg (BIF) werden seit mehreren Jahren im Auftrag des Staatlichen Amtes für Atomsicherheit und Strahlenschutz Forschungsarbeiten zum Studium des Festigkeitsverhaltens von Transportverpackungen unter Fallprüfbedingungen durchgeführt. Im Rahmen dieses Forschungsprogrammes wurde auf dem Gelände des BIF eine Falltestanlage errichtet und 1977 in Betrieb genommen.

2. Aufbau der Falltestanlage

Die Anlage ist in einer allseitig verglasten Turmkonstruktion aus Stahl untergebracht (siehe Abb. 1). Die nach [1] geforderte starre Unterlage ist durch ein stahlbewertes Betonfundament realisiert worden, das sich zwischen den Stützfundamenten des Turmes befindet. Das Fundament hat folgende Abmessungen:

Länge: 3500 mm
Breite: 2500 mm
Tiefe: 2500 mm

An seiner Oberseite ist eine 70 mm dicke Stahlplatte eingelassen und fest verankert worden. Die Gesamtmasse des Fundamentes beträgt 50 t.

Das Anheben der zu testenden Verpackungen bis zur vorgeschriebenen Fallhöhe geschieht durch einen Elektrozug mit einer Tragfähigkeit von 2 t. Für Fallmassen bis 5 t steht ein handbetriebener Stirnradzug zur Verfügung. Die maximale Hubhöhe beider Hebezeuge beträgt 12,5 m.

Die Bedienung des Elektrozuges kann wahlweise von einem Bedienstand in Höhe der Aufschlagfläche oder von einer besteigbaren Bühne in 9 m Höhe vorgenommen werden.

Das Auslösen des freien Falles einer Verpackung oder eines anderen Testkörpers erfolgt mittels einer fernbedienten elektromagnetisch arbeitenden Ausklinkvorrichtung.

3. Führungseinrichtung

Beim freien Fall eines Körpers und der damit verbundenen Schwerelosigkeit führen bereits kleine auf den Körper wirkende Impulse zu Abweichungen von der eingerichteten Fallstellung. Diese Abweichungen können besonders beim Testen kleinerer Körper so beträchtlich sein, daß die daraus gewonnenen Ergebnisse nicht mehr zur Beurteilung des Festigkeitsverhaltens bzw. zur Auswertung von Versuchsserien verwendbar sind. Um diese Fehlerquelle auszuschalten und um exakt reproduzierbare Versuchsbedingungen zu erreichen, war es erforderlich, die Testkörper beim freien Fall zu führen. Zu diesem Zweck wurde eine spezielle Einrichtung entwickelt und in die Versuchsanlage eingebaut. Diese Führungseinrichtung besteht aus einem Führungsschlitten und zwei Paar Führungsschienen, die an der Turmkonstruktion befestigt sind. Zwischen den Schienenpaaren kann der als Rohrkonstruktion ausgebildete Schlitten gleiten.

Die Einhaltung der vorgegebenen Fallstellung wird in der Weise erreicht, daß der Testkörper über einen Gewindestift fest mit einer Hülse verbunden ist, die in das Mittelrohr des Führungsschlittens hineinragt. In dieser Hülse ist das Anschlagseil verankert, das nach oben aus dem Mittelrohr heraus bis zur Ausklinkvorrichtung geführt wird. Der Schlitten stützt sich mit seinem Mittelrohr auf einem an der Hülse befindlichen Bund ab. Nach dem Auslösen fallen Führungsschlitten und Testkörper gemeinsam nach unten. Der Schlitten wird ca. 1 m über der Aufschlagfläche in Auffangvorrichtungen, die mit einer Kombination verschiedener Schaumstoffelemente ausgelegt sind, elastisch abgebremst. Der Testkörper kann zusammen mit der Führungshülse und dem Anschlagseil weiter frei fallen, wobei die Hülse und das Seil aus dem Mittelrohr herausgleiten. Wie

Abb. 1. Falltestanalage im Brennstoffinstitut Freiberg

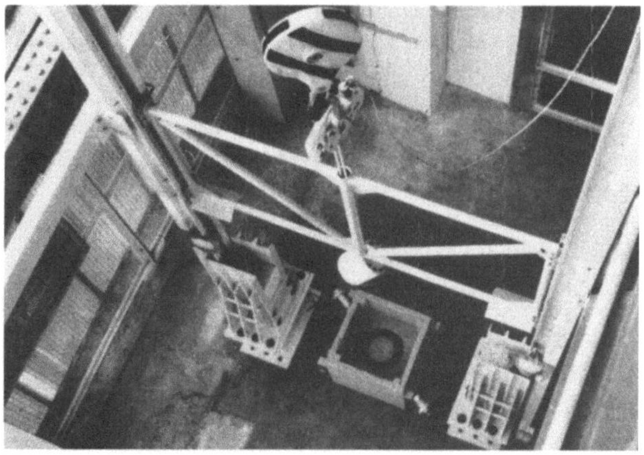

Abb. 2. Führungseinrichtung

Untersuchungen ergaben, treten längs des nun noch folgenden Fallweges nur sehr geringe Lageabweichungen am Testkörper auf.

Das Führungsspiel und die Schmierung zwischen Schlitten und Führungsschienen wurden so gewählt, daß die durch Reibung bedingte Verringerung der Fallgeschwindigkeit minimal ist. Die Differenz zur Geschwindigkeit beim freien Fall kann durch eine geringfügige Vergrößerung der Fallhöhe wieder ausgeglichen werden.

Eine Gesamtansicht der Führungseinrichtung zeigt Abb. 2. Bei größeren Verpackungen ($m \geqq 1$ t) bewirken kleine Impulse nur unbedeutende Abweichungen von der vorgegebenen Fallstellung, so daß hier auf die Verwendung der Führungseinrichtung verzichtet werden kann.

4. Meßtechnik

Die quantitative Bewertung des Festigkeitsverhaltens von Verpackungen und anderen Testkörpern erfordert, daß die beim Aufschlag wirkenden Kräfte bzw. Stoßverzögerungen oder der Deformationsverlauf meßtechnisch erfaßt werden.

Für die Kraftmessung wurde eine spezielle Meßeinrichtung entwickelt, die nach dem Prinzip des Widerstandsdehnungsmeßstreifens arbeitet. Der als Hohlzylinder ausgebildete Verformungskörper ist für eine Nennlast von 2 MN bemessen. Seine Oberseite ist mit einer Druckplatte abgedeckt, durch die die Stoßkraft des aufschlagenden Testkörpers gleichmäßig verteilt in den Verformungskörper eingeleitet wird. Abb. 3 zeigt einen Querschnitt durch die Kraftmeßeinrichtung.

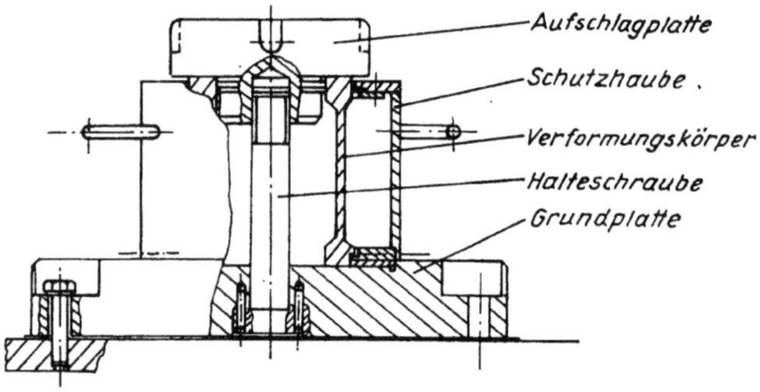

Abb. 3. Schnittdarstellung der Kraftmeßeinrichtung

Das Meßsignal wird verstärkt und auf dem Bildschirm eines Speicheroszillographen abgebildet. Die Triggerung des Oszillographen erfolgt extern über eine Lichtschranke, die durch den fallenden Testkörper unterbrochen wird. Das oszillographisch aufgezeichnete Meßsignal wird mit Hilfe einer Spiegelreflexkamera photographiert. Die Kraftmeßeinrichtung ist seitlich mit einem Holzkasten umgeben. In diesem Kasten, dessen Seitenwände die Aufschlagfläche um ca. 300 mm überragen, kommt der Testkörper nach der Rücksprungphase zur Ruhe.

Die Messung der Stoßkraft kann durch direkte Beaufschlagung der Kraftmeßeinrichtung nur bei relativ kleinen Testkörpern durchgeführt werden, da der räumlichen Ausdehnung des Verformungskörpers Grenzen gesetzt sind.

Die Ermittlung der Beanspruchungen beim Aufschlag großer Fallmassen ist auf rationelle Weise auch indirekt über die Messung der Stoßverzögerung möglich. In der Falltestanlage des BI Freiberg wird zur Messung des Verzögerungs-Zeit-Verlaufes ein handelsübliches Stoßmeßgerät vom Typ SM 311 des VEB Meßelektronik Dresden verwendet. Das Meßsignal wird von einem piezoelektrischen Geber, der am Testkörper angebracht ist, über ein Meßkabel dem Verstärker und anschließend einem

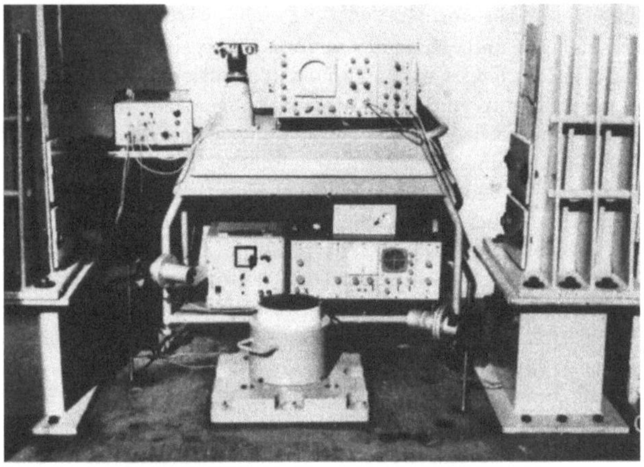

Abb. 4. Meßplatz zur Kraft- und Verzögerungsmessung

Stoßfilter zugeführt. Das Stoßfilter dient der Abtrennung höherfrequenter Störspannungen, ohne daß Verzerrungen des Stoßimpulses eintreten. Danach wird der Impuls auf dem Bildschirm eines Speicheroszillographen abgebildet und mit einer Spiegelreflexkamera photographisch fixiert. Die Geräte zur Kraft- und Verzögerungsmessung sind in Abb. 4 dargestellt. Sie befinden sich während der Fallversuche in dem an die Falltestanlage angrenzenden Meßraum.

Ein anderes Meßprinzip, das zur quantitativen Bewertung des Verhaltens von Verpackungen oder anderen Testkörpern beim Aufschlag nach dem 9-m-Fall eingesetzt wird, ist das der Zeitdehner-Kinematographie. Hierbei wird der Verformungsvorgang des Testkörpers mit einer speziellen Zeitlupenkamera gefilmt. Die Bildfrequenz der verwendeten Kamera beträgt maximal 5000 Bilder pro Sekunde. Durch Einzelbildanalyse wird der zeitliche Verlauf des Deformationsweges an der Aufschlagstelle ermittelt, woraus mit Hilfe eines Rechenprogrammes der Verzögerungs- bzw. Stoßkraftverlauf berechnet werden kann. Die Aufnahmetechnik zur Herstellung von Zeitlupen-Filmen ist aus Abb. 5 ersichtlich.

Die beschriebenen Meßprinzipe werden bei Falltests in verschiedenen Kombinationen eingesetzt.

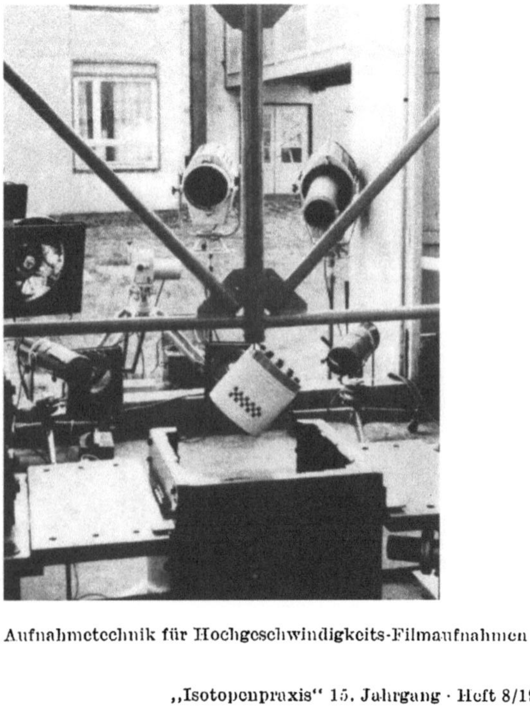

Abb. 5. Aufnahmetechnik für Hochgeschwindigkeits-Filmaufnahmen

5. Schlußbemerkungen

Mit der am Brennstoffinstitut Freiberg errichteten Falltestanlage wurden optimale Voraussetzungen für Forschungsarbeiten auf dem Gebiet der Sicherheit von Transportverpackungen für radioaktive Stoffe geschaffen. Die Erprobung der versuchs- und meßtechnischen Einrichtungen sowie eine Gegenüberstellung mit vergleichbaren Anlagen im Ausland [5—7] ergaben, daß diese Anlage allen Anforderungen genügt.

Mit Hilfe zusätzlicher Einbauten ist es möglich, in der Falltestanlage auch Stauchproben durch Fallmassen zu verformen, um auf diese Weise Informationen über das Festigkeitsverhalten verschiedener Werkstoffe unter stoßartiger Belastung zu erhalten. Darüber hinaus ist auf dieser Anlage das Testen spezieller Bauelemente von Transportverpackungen für radioaktive Stoffe vorgesehen.

Eingegangen am 5. 1. 1979

Literatur

[1] Anordnung über den Transport radioaktiver Stoffe — ARTS — vom 12. 4. 1978, GBl. der DDR, Sonderdruck Nr. 953

[2] Regulations for the Safe Transport of Radioactive Materials. 1973 Revised Edition, Safety Series No. 6, Wien 1973

[3] VO über den Schutz vor der schädigenden Einwirkung ionisierender Strahlung — Strahlenschutzverordnung — GBl. der DDR, Teil II, Nr. 99 v. 18. 12. 1969

[4] *D. Richter*, Isotopenpraxis 4 (1968) 1, 37

[5] *M. Labrousse, L. Remy*, Réalisation des épreuves mécaniques et thermiques. IAEA-Seminar „Tests on transport packaging for radioactive materials", Wien 1971; IAEA-SM-147/17

[6] *L. B. Shappert* u. a., Methods of determining compliance of Type B packages with the thermal and mechanical regulatory requirements. IAEA-Seminar „Tests on transport packaging for radioactive materials", Wien 1971; IAEA-SM-147/32

[7] *S. Shimamura* u. a., Drop-impact test on a spent-fuel shipping cask. IAEA-Seminar „Tests on transport packaging for radioactive materials", Wien 1971; IAEA-SM-147/1

Kurze Originalmitteilungen

Herstellung von [9,10-³H]-Stearinsäure

J. Römer, A. Teich

(Zentralinstitut für Kernforschung Rossendorf)[1]

(B13) INIS DESCRIPTORS:

catalysis; chemical preparation; hydrogenation; labelled compounds; octadecanoic acid; oleic acid; palladium; radiochromatography; tritium; tritium compounds

Katalytische Hydrierung von Oktadeken-(9)-säure (Ölsäure; I) mit H_2 in Gegenwart von Palladiummohr führt quantitativ zur Oktadekansäure (Stearinsäure; IIa). Beide Säuren unterscheiden sich bei Anwendung herkömmlicher chromatographischer Hilfsmittel nicht. Beispielsweise laufen sowohl I als auch IIa

$$\underset{\textstyle \mathrm{I}}{CH_3-(CH_2)_7-CH=CH-(CH_2)_7-COOH}$$

$$\rightarrow CH_3-(CH_2)_7-\underset{|\atop R}{CH}-\underset{|\atop R}{CH}-(CH_2)_7-COOH$$

IIa R=H
b R=T

auf Silufolplatten in Petroläther:Äther:HAz = 70:30:2 [1] mit $R_f = 0{,}62$. Als ungesättigte Säure färbt sich allerdings I im Joddampf braun und liefert nach Besprühen mit Vanillinschwefelsäure und Erwärmen einen violetten Fleck. Stearinsäure (IIa) offenbart sich bei keiner dieser Behandlungen. Durch IR-Spektroskopie sind jedoch beide Säuren eindeutig zu identifizieren.

Wir führten nach inaktiven Vorversuchen die katalytische Hydrierung mit T_2 in Gegenwart von Palladiummohr in Essigsäureäthylester durch. Diese aktive Hydrierung verlief genauso schnell und war nach 10 min mit der Aufnahme der berechneten Menge Tritiumgas beendet. Um quantitative Umsetzung zu garantieren, hydrierten wir insgesamt 30 min. Ein Radiogramm unmittelbar nach der Reaktion wies Stearinsäure (IIb) mit 93%iger radiochemischer Reinheit und vier aktive Nebenprodukte aus (Abb. 1). Nach Abtausch des labilen Tritiums lagerten wir IIb im Kühlschrank bei —10 °C. Im Verlauf von vier

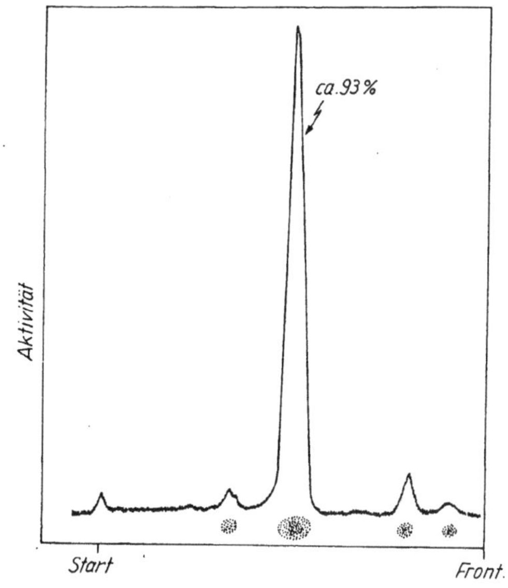

Abb. 1. Radiogramm der [9,10-³H]-Stearinsäure unmittelbar nach der Herstellung.
Träger Silufolplatte von *Kavalier* (CSSR); **Laufmittel** Petroläther: Äther: Essigsäure = 70:30:2; **Detektor** Scanner II von *Berthold-Friesecke* (BRD)

Tagen wuchsen dabei die Nebenprodukte auf 45% Aktivitätsanteil an. Wir reinigten deshalb IIb auf einer präparativen Platte. Danach lag IIb als feines, weißes Produkt mit einer spezifischen Aktivität von 48,7 Ci/mMol vor. Abb. 2 zeigt ein Radiogramm der gereinigten Stearinsäure. Die radiochemische Reinheit betrug > 98%.

[1]) Anschrift: 8051 Dresden, PF 19

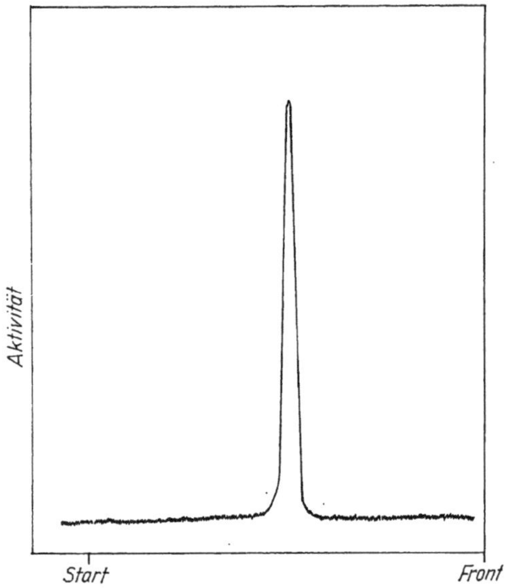

Abb. 2. Radiogramm der gereinigten [9, 10-³H]-Stearinsäure
Träger Silufolplatte von *Kavalier* (ČSSR); **Laufmittel** Petroläther: Äther: Essigsäure = 70:30:2; **Detektor** Scanner II von *Berthold-Friesecke* (BRD)

Experimentelles

32 mg (= 0,113 mMol) Ölsäure, gelöst in 2 ml Essigsäureäthylester, wurden in einem 8-ml-Kölbchen in Gegenwart von 30 mg Palladiummohr an einer Markierungsapparatur [2] mit T_2 (p = 530 Torr) beschickt und bis zur berechneten Gasaufnahme bei Zimmertemperatur gerührt. Nach Reabsorption des überschüssigen Tritiums wurde der Katalysator abfiltriert und mit ca. 15 ml Benzol/Äthanol (1:1) gewaschen. Die vereinigten Filtrate wurden zur Entfernung des labilen Tritiums bei 60 °C 2 h gerührt, dann das Lösungsmittelgemisch im Vakuum entfernt und der Austauschprozeß und das Gefriertrocknen wiederholt. Die erhaltene [9,10-³H]-Stearinsäure (IIb) wurde auf einer Kieselgelplatte (Merck, BRD, 1 mm Schichtdicke) im oben genannten Laufmittel entwickelt, die entsprechende Zone durch Scannen lokalisiert, mit Benzol/Äther (1:1) portionsweise eluiert und die Eluate gefriergetrocknet. Ausbeute: 12,6 mg IIb (= 0,0445 mMol = 40%) mit einer spezifischen Aktivität von 48,7 Ci/mMol. Das entspricht einer Gesamtaktivität von 2,17 Ci an IIb. Die Gesamtaktivität an labilem Tritium betrug 1,5 Ci.

Literatur

[1] *E. Stahl,* Dünnschichtchromatographie, Springer-Verlag Berlin, Heidelberg, New York 1967
[2] *J. Römer,* ZfK-Report 251 (1973)

Informationen

Ägypten. Im Rahmen des Entwicklungsprogramms der IAEA wird in der Nähe von Kairo ein Zentrum für Bestrahlungstechnologie eingerichtet, dessen erster Bauabschnitt in einer ⁶⁰Co-Anlage der kanadischen AECL zur Strahlensterilisierung medizinischer Artikel sowie zur Bestrahlung von Lebensmitteln, Textilien und Werkstoffen wie Stahl, Gummi und Kunststoffen besteht. Für die Bestrahlung von Baumwolle zwecks Verbesserung der Fasereigenschaften ist ein Elektronenbeschleuniger vorgesehen.

IAEA. Neue Publikationen der Internationalen Atomenergie-Agentur:

Isotope Studies on Rice Fertilization (Tech. Rep. Series No. 181 — STI/DOC/10/181);
Intercomparison Procedures in the Dosimetry of Photon Radiation (Tech. Rep. Series No. 182 — STI/DOC/10/182);
Seed Protein Improvement by Nuclear Techniques (Panel Proc. Series — STI/PUB/479);
Compendium of Neutron Spectra in Criticality Accident Dosimetry (Tech. Rep. Series No. 180 — STI/DOC/10/180);
Particle Size Analysis in Estimatin the Significance of Airborne Contamination (Tech. Rep. Series No. 179 — STI/DIOC/10/179).

BRD. Die Stadt Frankfurt am Main hat den von ihr gestifteten *Otto-Hahn*-Preis für das Jahr 1979 dem Heidelberger Kernphysiker Prof. Dr. *W. Gentner* für seine Forschungsbeiträge auf dem Gebiet der Hochenergiephysik und seine Verdienste bei der Entwicklung der internationalen Zusammenarbeit auf dem Gebiet der Kernforschung, vor allem beim Aufbau der Europäischen Organisation für Kernforschung (CERN), verliehen.

Frankreich. An der vom internationalen Konsortium Eurodif in Tricastin (Rhônetal) errichteten Anlage zur Urananreicherung nach dem Gasdiffusionsverfahren haben die Inbetriebnahmearbeiten begonnen. Nach vorläufigen Angaben soll die Anlage bis Ende 1979 eine Kapazität von 2,6 Mio Trennarbeitseinheiten erreichen. Als Endausbauleistung (1982) sind 10,8 Mio TAE geplant.

An der Eurodif sind französische, iranische, italienische, belgische und spanische Firmen bzw. Organisationen beteiligt.

Schweiz. Die Nationale Genossenschaft für die Lagerung radioaktiver Abfälle (Nagra) hat ihr Forschungsprogramm für die Ausarbeitung von Endlagerungsprojekten vorgestellt. Danach sollen bis 1984 wissenschaftlich-technische Untersuchungen (einschließlich Versuchsbohrungen) durchgeführt, 1985 konkrete Endlagerprojekte vorgelegt und ab 1990 Endlager für niedrig- und mittelaktive sowie ein Zwischenlager für hochaktive Rückstände in Betrieb genommen werden. Die Gesamtkosten des Forschungs- und Entwicklungsprogramms wurden auf 200 Mio sFr. veranschlagt.

USA. *S. Benson* von der Universität von Südkalifornien ist es gelungen, unter Laborbedingungen die Lasertechnologie zur Herstellung von schwerem Wasser anzuwenden. Nach Ansicht von Experten würde die Realisierung dieser Technologie im industriellen Maßstab zu einer Senkung der Produktionskosten für schweres Wasser um ca. 10% führen.

USA. In der Demonstrationsanlage für die Verglasung radioaktiver Abfälle der Pacific Northwest Laboratories (PNL) des Department of Energy (DOE) wurden im Februar 1979 die ersten Glasblöcke mit hochaktiven Rückständen hergestellt. Bei dem Glasmaterial handelt es sich um Borsilikatglas, wie es auch bei dem französischen Verfahren zur Abfallverglasung erzeugt wird. Einer der zylindrischen Blöcke (Durchmesser 20 cm; Länge 2,4 m) kostet nach Angaben der PNL rund 32000 $ und enthält die Rückstände aus einer Elektroenergieerzeugung im Wert von 20—25 Mio $. Die aus dem Betrieb eines Kernkraftwerks der heute üblichen Blockgröße pro Jahr anfallenden radioaktiven Rückstände könnten in sechs dieser Glasblöcke eingeschmolzen werden.

D. Luther, H.-C. Abendroth, H. Koch, K. Dittrich, F. Frotscher

Use of Radioactive Isotopes for Investigations of Stability in Formulation Techniques

Isotopenpraxis 15 (1979) No. 8, p. 245 to 248
1 Fig., 5 Tab., 4 Ref.

The advantages of the application of radioactive labelled compounds for studying the following subject matters have been put forth by use of the effective substances dimethoate and 1-butylamino-cyclohexane-phosphonic acid dibutyl ester:

- storage stability of the pure effective substance and its formulations;
- effects of selected impurities on storage stability;
- selection of suitable binding materials, solvents, and organic compounds as chemical stabilizers for formulations.

J. Fodor, G. Kolimár

Investigation of Tribological Properties of the Engines of Commercial Vehicles with Particular Consideration of Air Filtration

Isotopenpraxis 15 (1979) No. 8, p. 248 to 252
5 Fig., – Tab., 3 Ref.

A testing method based on gamma-spectrometry of neutron-activated abrasive, which may be used under working conditions, has been developed for the determination of wear properties of internal combustion engines. The impact of abrasive on the lifetime has been determined. Improvement of air filtration rendered possible sound approximation of the potential lifetime of engines. Improvement of air filtration led to reduced contamination of lubricating oil and to doubling of oil renewal period.

L. Riedlmayer, V. Muehldorf

Feasibility Studies for Level Gauging of Liquid Gas-Capsules with a Radioisotope Level Indicator

Isotopenpraxis 15 (1979) No. 8, p. 252 to 254
5 Fig., – Tab., – Ref.

To test the feasibility of level gauging in liquid gas-capsules by a radioisotope level indicator and to investigate the necessary conditions for it, X-ray exposures have been made at different capsule temperatures.

N. A. Kolev

Theoretical Calculation of the Calibration Curves of Neutron Probes with Highly Effective Counters

Isotopenpraxis 15 (1979) No. 8, p. 254 to 257
3 Fig., – Tab., 15 Ref.

A mathematical model for the theoretical calculation by means of computers of the calibration curves of neutron probes with highly effective counters is described. A method for experimental correction of mathematical model is proposed. The calculated calibration curve is compared with the experimental results.

K. Muehle, D. Rohmer

Semi-Automatic Device for the Conversion of Hydrocarbons to Determine ^{13}C Variations

Isotopenpraxis 15 (1979) No. 8, p. 257 to 260
7 Fig., 1 Tab., 2 Ref.

A semi-automatic device for the conversion of hydrocarbons to render possible mass-spectrometric analyses was constructed for the systematic investigation of ^{13}C variations. This is done by modifying a well-known method (Mass and Geissler) as to the gas flow and cooling. The valve system needed for the operation of a "tandem" device, and the enriching method necessary to obtain ethane content less than 1 % are described. The number of samples handled by one person could be doubled, while the errors in sample preparation decreased.

Д. Лутер, Х.-Ц. Абендрот, Х. Кох, К. Диттрих, Ф. Фротшер

Использование радиоактивных изотопов для исследования устойчивости в формулировочной техникс

Isotopenpraxis 15 (1979) вып. 8, стр. 245 до 248
1 рис., 5 табл., 4 лит.

Применяя действующие начала диметоат и I-бутиламино-циклогександибутилэфир фосфоновой кислоты, показываются преимущества использования меченых соединений в связи с обработки тем следующего рода:

- Пригодность чистого действующего начала и его формулировок к хранению,
- влияние определенных загрязнений на пригодность к хранению,
- выбор пригодных материалов-носителей, растворителей и органических соединений в качестве химических стабилизаторов для формулировок.

И. Фодор, Г. Колимар

Исследование трибологических свойств двигателей грузовых автомобилей с особым учетом фильтрации воздуха

Isotopenpraxis 15 (1979) вып. 8, стр. 248 до 252
5 рис., – табл., 3 лит.

Разработан применяемый в рабочих условиях метод определения износостойкости частей двигателей внутреннего сгорания, основанный на гамма-спектрометрии активированных нейтронами продуктов износа. Установлен ограничивающий срок службы эффект абразивного износа. После улучшения фильтрации воздуха удалось хорошо приближать потенциальный срок службы двигателей. Улучшение фильтрации воздуха позволило уменьшить степень загрязнения смазочного масла и удвоить по времени период смены масла.

Л. Рийдльмайер, В. Мюльдорф

Исследования по контролю уровня наполнения патронов со сжиженным газом при помощи изотопных барьеров

Isotopenpraxis 15 (1979) вып. 8, стр. 252 до 254
5 рис., – табл., – лит.

Делаются рентгеновские снимки при разных температурах патронов с тем, чтобы проверить, возможно ли и в каких условиях возможно определить с помощью изотопных барьеров уровень наполнения патронов с сжиженным газом.

Н. А. Колев

Теоретическое вычисление калибровочных кривых нейтронных влагомеров с высокоэффективными счетчиками

Isotopenpraxis 15 (1979) вып, 8. стр. 254 до 257
3 рис., – табл., 15 лит.

Описывается математическая модель для теоретического вычисления калибровочных кривых нейтронных влагомеров с высокоэффективными счетчиками с помощью ЭВМ. Предлагаются методы для экспериментального корректирования математической модели. Вычисленная калибровочная кривая сравняется с экспериментальными результатами.

К. Мюле, Д. Ромер

Полуавтоматизированная аппаратура для переработки под химический анализ углеводородов с целью определения вариаций ^{13}C

Isotopenpraxis 15 (1979) вып. 8, стр. 257 до 260
7 рис., 1 табл., 2 лит.

Для систематического исследования вариаций ^{13}C в естественных газах разработана полуавтоматизированная аппаратура для переработки углеводородов под масс-спектрометрический анализ. При этом, известный метод (*Мааса* и *Гайслера*) модифицируется относительно потоков газа и охлаждения. Описываются требуемая для работы аппаратуры типа „тандем" система вентилей, а также необходимый для достижения содержания этана ниже 1 % метод обогащения. Удалось удвоить количество обрабатываемых одним человеком проб, и уменьшить ошибки в связи с приготовлением проб.

R. Diersch, M. Weiss, W. Birkigt, E. Mueller

Facility for 9-m Drop Testing of Packagings for Radioactive and Fissile Materials

Isotopenpraxis 15 (1979) No. 8, p. 260 to 263
5 Fig., – Tab., 7 Ref.

According to legal regulations, Type B transport packagings for radioactive materials shall be so designed and constructed that their radioactive contents will not be released and their radiation shielding will be retained after several different tests. One of these tests involves the free fall of the packaging from a height of 9 m on a rigid, immovable target. To safely dimension and design packagings that will meet these requirements, the impact forces acting on the containers must be known.
Since these forces cannot be determined by means of conventional strength theory methods alone, experimental investigations have to be carried out. A drop test facility is described, and the functions and performance of its experimental equipment and instrumentation are explained.

Р. Дирш, М. Вейс, В. Биркигт, Е. Мюллер

Устройство для испытания падением с высоты 9 м транспортных упаковок для радиоактивных и делящихся веществ

Isotopenpraxis 15 (1979) вып. 8, стр. 260 до 263
5 рис., – табл., 7 лит.

Транспортные упаковки типа Б для радиоактивных веществ в соответствии с действующими законоположениями должны быть приспособлены так, чтобы после проведения разных испытаний утечка радиоактивного содержания была исключена, а лучеэкранирующее действие их должно быть сохранено. К этим испытаниям, между прочим, относится и свободное падение упаковки с высоты 9 м на жесткую подложку. Для надежного определения размеров упаковок для этих условий необходимы сведения об усилиях удара.
Так как одни обычные методы теории сопротивления материалов не оказываются достаточными для определения этих усилий, необходимо провести опыты. Приводится описание устройства для испытания падением, опытных и измерительных устройств и объясняется принцип действия их.

Letters to the Editor

J. Roemer, A. Teich

Production of [9·10-³H]-Stearic Acid

Isotopenpraxis 15 (1979) No. 8, p. 263 to 264
2 Fig., – Tab., 2 Ref.

Письма в редакцию

И. Ремер, А. Тайэс

Получение [9,10—³H]стеариновой кислоты

Isotopenpraxis 15 (1979) вып. 8, стр. 263 до 264
2 рис., – табл., 2 лит.

Information

Isotopenpraxis 15 (1979) No. 8, p. 264

Новости

Isotopenpraxis 15 (1979) вып. 8, стр. 264

(Fortsetzung des Inhaltsverzeichnisses)

den Betrieb einer Tandem-Apparatur notwendige Ventilsystem und ein für Äthangehalte unter 1 % erforderliches Anreicherungsverfahren werden beschrieben. Die Zahl der bearbeiteten Proben pro Arbeitskraft konnte verdoppelt werden, und der Fehler der Probenaufbereitung sank.

R. Diersch, M. Weiß, W. Birkigt, E. Müller

Falltestanlage zur Prüfung von Transportverpackungen für radioaktive spaltbare Stoffe

Isotopenpraxis 15 (1979) H. 8, S. 260 bis 263
5 Abb., – Tab., 7 Lit.

Transportverpackungen des Typs B für radioaktive Stoffe müssen entsprechend den gesetzlichen Bestimmungen so beschaffen sein, daß nach verschiedenen Prüfungen ein Entweichen des radioaktiven Inhaltes ausgeschlossen ist und die strahlenabschirmende Wirkung erhalten bleibt. Zu diesen Prüfungen gehört u. a. ein freier Fall der Verpackung aus 9 m Höhe auf eine starre, unnachgiebige Unterlage. Um Verpackungen für diese Bedingungen sicher dimensionieren zu können, ist die Kenntnis der Stoßkräfte, die auf den Behälter wirken, eine wesentliche Voraussetzung.
Da die herkömmlichen Methoden der Festigkeitslehre zur Ermittlung dieser Kräfte nicht ausreichen, sind experimentelle Untersuchungen erforderlich.
Es werden eine Falltestanlage vorgestellt, die versuchs- und meßtechnischen Einrichtungen beschrieben und deren Funktion erläutert.

Kurze Originalmitteilungen

J. Römer, A. Teich

Herstellung von [9, 10-³H]-Stearinsäure

Isotopenpraxis 15 (1979) H. 8, S. 263 bis 264
2 Abb., – Tab., 2 Lit.

Informationen

Isotopenpraxis 15 (1979) H. 8, S. 264